한의사 이은주 박사의 건강을 되찾는 **성 테라피**

부부 사랑

부부 사랑

1판 1쇄 인쇄 | 2009. 5. 15
1판 2쇄 발행 | 2013. 9. 10

지 은 이 | 이은주
펴 낸 이 | 박옥희
펴 낸 곳 | 도서출판 인디북

등 록 일 자 | 2000. 6. 22
등 록 번 호 | 제 10-1993호
주   소 | 서울시 마포구 염리동 27-216번지   2층
전   화 | 02)3273-6895
팩   스 | 02)3273-6897
홈 페 이 지 | www.indebook.com

ISBN 978-89-5856-117-0 03590

한의사 이은주 박사의 건강을 되찾는 **성 테라피**

부부 사랑

| 이은주 지음 |

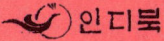
인디북

건강 장수의 출발은 올바른 성생활에서

한국인의 평균 수명이 80세에 육박하고 있다. 지금과 같이 의학과 삶의 기술이 계속 발전해나간다면 100세를 넘는 것도 시간문제다. 교통사고나 재난, 전쟁 같은 사고로 인해 죽는 특수한 경우를 제외한다면 인간의 평균 수명은 훨씬 더 길다는 통계도 나올 수 있을 것이다. 예로부터 인생의 오복五福 가운데 하나로 일컬어지는 건강 장수의 축복을 현대의 의학기술은 어엿한 현실로 이끌어내고 있는 셈이다.

인간이 보다 더 건강하게 오래 사는 데 있어 가장 큰 장애는 고독이나 스트레스의 문제가 아닐까 한다. 타인들과 정상적으로 잘 어울려 사는 사람의 경우 그렇지 못한 사람보다 건강상태나 수명이 월등 낫다는 각종 조사들이 이를 뒷받침한다. 바꿔 말하면, 건강하게 오래 사는 사람들은 그저 오래 살고 보자는 생각만이 아니라 인생을 즐겁게 사는 방법을 나름으로 알고 있다는 얘기가 된다.

남과 어울려 즐겁게 사는 방법은 여러 가지가 있겠지만, 가장 보편적인 것은 역시 가족이 화목하게 어울려 사는 것이다. 특히 배우자와

4

함께 인생을 여유롭게 보내는 것이야말로 가장 잘 사는 방법이라 할 것이다.

　지금으로부터 4,500년 전, 황제黃帝라 불리던 한 인군人君이 날마다 산해진미와 미녀들에 둘러싸여 즐거운 생을 만끽하다가, 그것도 물렸던지 선계仙界의 사람들을 불러다가 노년에 대비하는 카운슬링을 청하게 된다.

　"이제 매일 즐기는 일에도 지치고 몸이 말을 듣지 않으니 성생활을 중단할까 하는데 어찌 생각하는가."

　그러자 선녀는 "남녀가 교합하는 일은 하늘과 땅이 소통하는 것과 같은 일이라, 그것을 중단함은 옳지 않다."고 대답한다. 그리고 "하늘로부터 해가 비치고 비가 내림이 적당하고도 그침없이 이어져야 땅이 메마르지 않듯, 건강을 위해서는 남녀의 교합도 중단하지 않는 것이 옳다."는 설명을 덧붙인다.

　그러나 황제는 이미 몸이 축나고 있다. 선녀는 이에 대해 말한다.

"성을 올바른 방법으로 즐기지 않는다면 반드시 몸에 병이 나게 되어 있습니다. 그러나 음양의 이치를 제대로 알고 옳은 방법을 터득해 교접한다면 기력은 더욱 좋아지고 몸은 더욱 건강해질 것입니다."

성생활은 인간의 건강에 부수적이거나 선택적인 요소가 아니라 심신을 건전하게 유지하기 위해 필수적인 요소라 할 수 있다. 음양의 조화를 근간으로 하는 동양사상을 바탕으로 하여 발전된 한의학에서 인간의 성생활을 건강의 주요 요소 중 하나로 중시하며 다루어온 것은 그러므로 자연스럽다.

현대인의 삶이 각박해지는 것과, 특히 젊은 층 사이에서 성에 대한 관심이나 능력이 퇴화에 가깝게 후퇴하고 있는 현상은 결코 무관하지 않다. 현대인은 물질적으로 풍족의 극치에 다다르고 있지만, 그 안에서 정작 인간은 크게 소외되고 있으며, 스스로 이룬 물질적 풍요를 유지하기 위한 여러 가지 의무에 시달리고 있다. 성 능력의 퇴보는 물질적 풍요의 그늘에 가린 인간의 소외나 스트레스에 대한 극명한 반영이라 할 수 있을 것이다.

성은 본질적으로 종족 보존을 위한 생식활동으로서 중요할 뿐 아니라, 인간이 삶을 유지하기 위하여 수고하고 애쓰는 데 대한 최상의 보상이라 해도 과언이 아닐 것이다. 그것은 인간이 누릴 수 있는 풍요와 쾌락의 정점이다.

그러나 물질적 풍요에 대한 강박적인 집중과 그것을 유지하느라 견뎌야 하는 스트레스에 의해 이러한 보상을 오히려 잃어버리고 있다면, 과연 인간이 이룩한 지금의 풍요는 무슨 의미가 있을까.

남성의 성 장기인 전립선의 위기는 날로 가중되고 있다. 전립선의 관리와 전립선 질환 치료법을 소개한 『상쾌한 남성 만들기』부제 : 남성의 샘 전립선의 모든 것, 2004란 책을 펴낸 지 벌써 5년의 시간이 지났다. 필자의 전립선 치료 이력에도 그만큼의 연륜이 더해진 셈이다. 그 사이에 전립선에 대한 일반의 인식은 크게 강화되었고 전립선 치료를 표방하는 다양한 기술들이 더 선을 보였다.

그러나 전립선암이나 비대를 비롯한 전립선 질환은 의술의 발달보다 더 빠른 속도로 늘어나고 있어, 전립선에 관한 올바른 치료 관리법의 공급은 아직도 미흡한 상태에 머무르고 있다 할 것이다. 더욱 50년대 전후戰後 베이비 붐 세대가 노년으로 접어드는 시기와 맞물리면서 한국에서의 전립선 질환은 한층 더 늘어날 것이 분명하다.

앞서 펴낸 『상쾌한 남성 만들기』와는 다르게 내용을 추가하고 보완한 이번 책은 전립선 자체에 대한 정보라기보다는 부부의 즐거운 성생활에 관한 가이드라 할 수 있다. 본래 독자들에게 바른 성생활을 위한 안내서를 계획하고 있었는데, 우선 그 내용의 핵심을 추려 이 책 분량의 절반 이상에 담았다.

전립선은 성과 관련된 주요 장기이며, 그것이 겪는 장애의 상당 부분은 성적 스트레스에 의한 것이기도 하다.

올바르게, 그리고 보다 즐겁게 성을 즐기는 방법을 이 책에서 제시하는 것은 즐거운 성생활을 통해 성적 스트레스를 줄이고 성적인 활력을 높이는 것이 부부 건강에 가장 큰 요소로 작용하기 때문이다. 나아가 건강한 전립선의 유지에도 필연적으로 도움이 될 것이다. 그것은 당연히, 남성들이 건재한 전립선에 의해 당당한 남성 능력을 유지해주기를 바라는 모든 아내들, 그리고 연인들의 기대에 부응하는 결과이기도 하다.

끝으로 이 책의 출판을 흔쾌히 허락해주신 인디북 박옥희 사장님께 감사드린다.

2009년 5월

한의사 이 은 주

차 례

PART 1

성性은 생生이다

인체는 자연이다

'3쾌三快'를 잡아라

'잘 먹고[快食] 잘 자고[快眠] 잘 누기[快便]'는 예로부터 내려오는 건강 장수의 3대 조건이다. 식성 좋게 잘 먹고 숙면을 취하며 신진대사도 원활하다면 지금의 몸 상태는 아주 시원스럽게 좋다는 증거다. 말을 뒤집어, 잘 먹고 잘 자고 잘 누는 사람 또한 여간해서 건강에 이상이 생기지 않는다.

이러한 '3쾌三快'의 건강법칙을 지키는 것은 그러나 용이한 일이 아니다. 특히나 변화가 많은 현대인의 생활 패턴에서는 여러 가지 변수가 많기 때문에 일정한 틀 안에서만 살아가던 옛날 사람들에 비하면 이 조건을 따르기가 한층 어렵다.

생활에 변동이 생기거나 심한 스트레스를 받게 되면 먹고 자는 패턴이 흔들리게 된다. 설혹 심리적 스트레스에 강한 사람이라 하더라도 직업상 야근과 같은 피할 수 없는 변화요인이 생기면 안정된 수면에 방해를 받을 수밖에 없게 된다. 이렇게 먹고 자는 리듬이 흔들리면 자연히 배설에도 문제가 생기기 쉽다. 여행 중이거나 일시적인 프로젝트를 수행하는 사람들에게서 배변의 리듬이 바뀌는 경우를 흔히 볼 수 있다.

다행히 잠깐의 혼란은 이후 다시 일상으로 돌아왔을 때 곧 원상회복이 되므로 큰 문제로 발전되지 않으나 현대인들 가운데는 이같은 3쾌의 리듬이 깨지는 경우가 적지 않다. 일상화된 변비 혹은 걸핏하면 설사가 나타나는 과민성 대장증상, 자주 나타나는 불면 혹은 너무나 많이 자는 기면증, 음식을 잘 먹지 않는 거식증 혹은 습관적인 폭식 등등.

성인의 경우 쾌변에는 또 하나의 요소가 추가되는데, 바로 성생활을 통한 배설이다. 현대의 과학자들은 성인이 된 후 규칙적이고 일상적인 성생활을 유지하는 것이 인체의 건강과 중요한 관계를 갖고 있다는 것을 여러 연구와 통계들을 통해 주장하고 있다.

전립선의 건강을 유지하기 위해서도 주기적이고 안정적인 배설이 필요한 것으로 권장되고 있다. 남성의 정액에는 여러 가지 성분들이 포함되어 있는데, 전립선에서 추가되는 전립선액은 요도를 정화할 수 있는 능력을 갖고 있어 전립선과 요도를 깨끗이 유지하는 데 도움이 된다는 것이다.

소변은 체내의 오장육부에서 고루 수집된 폐기물들의 집합체다. 따라서 소변에는 신체 각 장기의 건강상태에 대한 많은 정보들이 담겨 있다. 오늘날 소변이 중요한 검진 수단으로 활용되는 것도 그 때문이다. 발달된 진단용 키트와 칩들은 단 한 방울의 소변만으로도 그 사람의 질병 가능성을 즉각 판단해준다.

예로부터 선인들은 특정한 진단 도구 같은 것을 사용하지 않고도 소변의 색깔로 그 사람의 장기 건강을 추정하곤 했다. 예를 들어 무색무취한 소변은 전체적으로 건강이 좋다는 징표며, 색이 탁하거나 노랗고 붉은 것은 인체 어디엔가 문제가 생겼을 가능성을 암시한다. 소변에 피가 섞여 나오는 것은 신장, 방광 또는 전립선이나 요도에 문제가 생겼을 가능성을 보여준다. 비뇨기 계통의 이 장기들에 염증이나 종양 등이 생기는 경우 농이나 피가 섞여 나오게 되고 결석과 같은 물리적 손상에 의해서도 피가 나올 수 있다.

문명 진화 따라 질병도 변해

인류 문명을 진전시키는 데는 전쟁과 질병의 역할이 컸다. 페스트와 말라리아, 발진티푸스 같은 질병은 중세부터 근대까지 유럽 역사의 중요한 전쟁과 혁명 등의 시기에 등장하여 흐름을 바꿔놓기도 했다. 반면 질병의 유형 역시 인간의 생활문화와 밀접한 관련을 갖고 있는데, 폐쇄적인 사회에서는 그로 인한 질병과 정신질환들이 등장하고, 개방적인 사회에서는 또 그로 인한 질병들이 등장

했다. 가령 예전 같으면 한 지역에서 나타났다가 소멸할 만한 조류독감 같은 질병이 순식간에 세계 여러 나라로 번져나갔던 것은 비행기가 빈번히 왕래하는 현대 문명이 초래한 특수한 현상이다. 옛날처럼 사람들이 웬만해서는 나고 자란 고장을 멀리 벗어나지 않던 시대에는 장티푸스 같은 전염병이 발생할 때 그 고을에 대한 외지인 출입을 막는 것만으로도 어느 정도 질병의 확산을 막는 것이 가능했지만 지금은 그보다 훨씬 더 넓은 범위에 대하여 예방책을 세우지 않으면 안 되는 시대다. 10여 년 전 유럽 사회를 공포로 몰아넣었던 광우병은 인류가 쇠고기를 주식의 하나로 널리 이용하는 문명의 변화에서 근원을 찾아볼 수 있다. 쇠고기가 점점 더 많이 필요하게 되자 소를 키우는 사람들이 좀 더 저렴한 비용으로 사료를 만들기 위해 소의 부산물을 다시 소에게 먹이면서 세포의 단백질에 변화가 일어나 생긴 병이기 때문이다.

현대인들이 공통적으로 앓기 시작한 '현대병'이라 불리는 질병군群은 인류에게 나타난 새로운 위협이다. 주로 영양과잉에서 오는 비만, 고지혈증, 혈관계 질환 등 성인병과 지나친 경쟁, 스트레스에서 오는 정신적 질환들이 대표적이다. 공기오염과 수질오염, 물 부족으로 인한 호흡기계 순환기 질환도 늘고 있다. 인터넷과 인공식품의 발달은 새로운 신체 증상의 증후군들을 만들어낸다. 이러한 현상에서 얻는 교훈은 무얼까. 무엇보다 인간이 가장 자연스런 시절의 본연의 모습을 회복하도록 노력해야 한다는 점이다. 요즘도 건강을 생각하는 사람들은 자연식에 가까운 식습관을 회복하기 위해 많은 노력을 한다. 기계문명의 발달로 생활이 편리해졌다고는 하지만 옛날 사람처럼 스스로 걷고 짊어지는 운동을 고안해서 즐기며, 등산 자체를 취미로 삼아 산에 오른다.

인간은 필요에 의해 기계문명을 발달시키고 있지만 그 문명에 압도되어 인간성이나 건강을 모두 잃는다면 오히려 원시시대보다 불행할 수도 있다. 첨단문명이 꽃을 피운 21세기에 들어서서 자연으로부터 건강을 되찾을 수 있다는 깨달음이 확산되고 있는 것은 다행스런 일이다. 운동이나 식품 같은 가시적인 건강법 외에도 마음과 정신이 너무 억압되거나 쫓기지 않던 원시 적의 평정을 되찾도록 꾸준히 노력한다면 정신적 건강 또한 얼마든지 회복해갈 수 있을 것이다. 앞으로 가는 것만이 발전은 아니다.

욕망의 제어가 가능해야 진짜 강한 사람

인도의 산스크리트어는 많은 경우 철학적 함의를 가지고 있다. 뜻글자인 중국의 한자도 한 글자마다 여러 가지 의미로 해석되거나 비유될 수 있지만, 산스크리트어의 낱말들이 갖는 깊이나 다양성을 능가하기는 어려울 것이다. 이 언어는 이미 고어古語인데, 실제로는 인도 인구 20% 이상이 산스크리트어에서 파생된 방언을 공식 언어로 사용하고 있을 뿐 아니라 많은 학자들에 의해 그 원형이 전수되고 있다.

산스크리트어가 중요한 것은 인류가 전수해온 철학과 종교의 태반

이 이 언어를 기반으로 태생하였기 때문이다.

산스크리트어에서 생명체의 에너지와 관련한 상태를 나타내는 세 가지 말이 있다. 타마스tamas, 라자스rajas, 사트와sattwa가 그것인데, 이것을 철학용어로 3자성自性이라 한다. 순서대로 살피면, 움직임 없이 무기력하게 침체돼 있는 것이 타마스요, 가장 활발하게 움직이는 것이 라자스다. 이에 비하면 사트와는 멎음과 움직임, 조용함과 시끄러움이 조화되어 평화롭게 평정을 이룬 상태를 말한다.

히말라야의 성자들이 전해준 담시 가운데, 이런 내용이 있다.

"활발히 움직인다는 것과 강하다는 것은 반드시 같은 의미가 아니다. 큰 자석을 생각해보자. 자석을 쇳가루 가운데 놓았을 때 쇳가루는 활발히 움직이며 자석에 달라붙는다. 이것은 쇳가루의 힘이 강하기 때문인가, 자석의 힘이 강하기 때문인가. 자석은 움직이지 않지만 쇳가루를 끌어당기는 힘은 자석에서 나온 것이다."

간혹 사람들은 활발한 움직임과 강한 힘을 혼동한다. 요컨대 스스로는 움직이지 않거나 매우 천천히 움직이지만 실제로는 다른 작은 것들을 움직이게 하는 강한 힘을 가진 것이 사트와라 할 수 있다. 마하트마 간디의 비폭력 무저항 평화운동같이 세상을 크게 움직이는 '아힘사'의 힘은 바로 활동적인 라자스의 힘에서가 아니라 조용한 사트와에서부터 나오는 것이다.

음양의 원리로 보면, 성적 욕망에 따라 대상을 찾아다니는 것과 성적 에너지의 힘이 반드시 비례하는 것은 아니란 것을 생각할 수 있다. 사람들은 흔히 성적 욕망이 강한 것과 정력성적 에너지이 강한 것을 혼동하여 이를 동일시하는 경향이 있다. 그러나 성적 욕망에 사로잡혀 활발하게 짝을 찾아다니는 이른바 '바람기'와, 실제로 그가 지닌 성적인 능력정력, 에너지이 반드시 비례하는 것은 아니다. 오히려 강한 에너지를 지닌 사람은 스스로의 욕망을 절제하여 겉으로 드러나지 않는 사람 가운데 있을 수 있다. 성적 욕망과 정신세계가 균형을 잘 이뤄, 스스로 제어할 수 있는 힘이 요컨대 사트와의 힘이라 할 수 있을 것이다. 인간의 성은 욕망에 따라 좌충우돌하는 젊은 시절의 '라자스적 상태'에서 시작하여 스스로 조절이 가능한 '사트와'의 단계를 거친 후 어떤 비바람의 공격이나 유혹에도 흔들리지 않는혹은 응하지 못하는 '타마스'의 단계로 변화해가는 것이 아닐까.

생명의 기본은 여성이다

모든 동물의 세포 속에는 자기 고유의 특성을 지닌DNA 유전자 핵 외에 독립된 DNA를 지닌 미토콘드리아가 존재하고 있다. 본래 미토콘드리아는 세포의 일부가 아니었는데, 세포의 기능을 돕는 역할을 하다가 그것이 필수적인 것이 되면서 아예 세포 안으로 흡수됐다는 것이 지금까지 인정받는 가설이다.

수정이란 난자 속으로 정자가 들어가 세포핵 결합을 통해 새 개체를 탄생시키는 일이다. DNA가 구성하고 있는 유전정보 배열은 대략 30

만 쌍에 이른다. 이것을 염기라 하며 그 서열에 따라 각각의 정보가 생체의 어떤 특성을 규정하는가를 밝힌 것이 게놈, 유전자 지도다. 난자와 정자가 결합할 때 이 두 개의 세포는 정확히 50%씩의 DNA 정보를 서로 선택하여 새로운 생명체의 유전적 특성을 결정한다. 그러므로 자손은 부모의 특성을 공평하게 물려받는 셈이지만, 이것이 핵의 결합에 한정된다는 것은 매우 의미가 깊다.

핵을 제외한 나머지 부분, 즉 난자가 지닌 세포질이라든가 세포막뿐 아니라, 세포에 있어야 할 미토콘드리아 또한 어머니의 것을 그대로 물려받는다. 미토콘드리아는 스스로 별개의 DNA를 지니고 있으므로, 혈통적 순수성을 따지자면, 자손은 부계보다는 모계의 혈통을 순수하게 이어간다고 할 수 있다. 세포핵은 결합하여 새로운 형태의 2세가 되지만 미토콘드리아는 어머니의 세포에 있는 그대로를 물려가기 때문이다.

이렇게 고유 특성을 물려가는 미토콘드리아의 계통을 추적하여 과학자들은 1997년 인류의 최초 어머니를 찾아낼 수 있었다. '미토콘드리아 이브'라 명명된 이 최초의 어머니는 14만~28만 년 전 아프리카에 살았던 여성들로 판명되었다. 대신에 인류 최초의 아버지, 아담의 고유 유전자는 사라져 찾을 길이 없다. 사람들은 아들을 못 낳으면 자신의 유전적 특성이 사라진다고 생각하지만 사실 부모의 유전 특성을 자기 후대에게 좀더 많이 물려주는 통로는 아들이 아니라 딸인 셈이다.

그러나 대다수의 인간 사회에서, 사람들은 어머니보다는 아버지 쪽의 고유 기호성씨를 이어가면서 부계 혈통을 중심으로 살아가고 있다. 사람들은 이것으로 근친결혼을 원천 차단할 수 있다고들 생각한다. 하지만 순수한 과학적 견지에서 본다면, 근친결혼을 철저하게 막는 데는 부계보다 모계의 고유 기호를 물려가는 편이 낫다.

성을 결정하는 염색체에는 X염색체와 Y염색체가 있다. XX결합은 여성이 되고, XY결합은 남성이 된다. XX의 성은 있어도 YY의 성은 존재하지 못한다. 복제양을 만드는 데서도 수컷 없는 생식은 가능하지만 어미 없는 생식은 이론상 불가능하다. 생명의 기본은 여성이다.

자연과 몸의 이치는 본래 하나

한국의 여름은 태평양에서 발생하는 태풍과 겹쳐 긴 장맛비가 쏟아지고 난 뒤에 폭염이 찾아오고, 한창 더위가 왔나보다 싶으면 어느새 입추立秋로 넘어간다. 여름이 아무리 긴 것 같아도 일 년 사계는 공평하게 나눠지는 셈이다.

한꺼번에 쏟아지는 폭우는 해마다 인간에게 큰 시련과 상처를 남겨놓는다. 하늘로부터 내리는 날씨가 질서를 잃으면 땅은 재앙을 입는다. 그러나 그 재앙은 누구에게나 똑같지가 않다. 자연의 이치에 맞게 평소 물길, 산길이 잘 정돈돼 있으면 그 피해는 얼마든지 줄일 수가 있다. 요즘 서울은 한꺼번에 600㎜쯤 큰 비가 쏟아져도 예전 같은 피해가 나지 않는다. 청계천 복원과 같은 치수사업으로, 바로 물이 빠져나갈 수 있게 됐기 때문이다.

이러한 자연의 이치는 개인이 건강을 지키는 이치에도 하나의 깨우침을 준다. 중국 고전 『소녀경素女經』에 그러한 설명이 있다.

"나는 기가 쇠약하여 마음속이 평화롭지 못하고 몸이 항상 위태로움을 느낀다. 장차 어찌해야 하겠는가."

황제의 질문에 대하여 소녀가 대답한다.

"사람이 쇠약해지는 것은 모두 음양교접의 도陰陽交接之道를 잘못하여 몸이 손상됐기 때문입니다. ……그 도를 알고 행하는 일은 솥에 다섯 가지 맛을 더하여 맛있는 국을 끓여내는 것과 같습니다. 그러나 알지 못한다면 수명이 짧아집니다."

사람에게서 음양의 교합은 하늘로부터 비가 내리고 햇볕이 내리쪼이며, 적당히 흐리거나 또는 맑은 날씨의 조화와도 같다. 땅이 너무 습할 때에 햇볕이 나고 너무 건조할 때에 적당히 비가 내려준다면 땅은 비옥해져 여러 생명을 길러낼 수 있는 힘을 갖게 된다.

성이 건강에 미치는 영향은 지대하다. 몸의 건강상태를 좌우하는 호르몬의 흐름이 성적인 자극과 밀접한 연관을 갖고 있기 때문이다. 엔도르핀이 솟아나는 사랑의 감정뿐 아니라 키스를 포함한 성적 자극과 활동들은 몸의 면역력을 높여 감기를 비롯한 여러 질병에 걸리는 것을 막고 우울증 등 정신적 건강에도 좋은 영향을 미친다는 사실은 이미 실증적으로 널리 알려져 있다. 반면 성생활이 뜸한 사람에게서는 여러 질환의 발생률이 높아지는데, 특히 노화와 함께 찾아오는 요실금이나 전립선 질환 등은 성생활의 패턴과도 뗄 수 없는 관계를 갖고 있다. 건강에 문제가 생겼을 때에는 의식주에 대한 전반적 검토가 필요하거니와 성생활에 대한 검토 또한 빼놓지 말아야 할 점이다.

사랑도 계절 따라

『소녀경』에 말하기를 "천지음양의 두 기운은 때로는 열리고 때로는 닫히며 춘하추동 주야 명암의 변화가 있으니, 인간도 그같은 원리를 따라 사시절 자연의 섭리를 따라야 한다."고 한다. 그러나 교합을 어떻게 하는 것이 좋은가에 대하여는 여러 가지 이론들이 소개되고 있다. 서로 몸에 닿는 것만도 짜증스러운 장마철에는 성생활도 좀 줄이는 것이 필요하지 않을까. 소우주小宇宙인 인체는 대우주大宇宙인 자연의 계절 환경에 잘 적응하여 움직여야 무리가 없는 법이다.

역시 고전에서는 계절에 따라 사정의 빈도를 조절하는 방법을 가르친다. "봄철에는 사흘에 한 번, 여름과 가을에는 한 달에 두 번 사정하고 겨울에는 정精을 굳게 닫아 배설하지 말라." 『양생요집養生要集』

『천금방千金方』이라는 고전은 "태어날 자녀를 행복하게 만들고 싶은 사람이라면 큰 바람이 이는 날, 큰 비가 오는 날, 안개가 크게 끼는 날, 너무 춥거나 더운 날, 뇌성벽력이 치는 날, 지진이 있는 날 등을 피해야 한다. 거룩한 장소나 우물, 변소, 무덤이나 관 옆에서 교접하는 것은 좋지 않다."고 가르친다.

옛날 말을 곧이곧대로 적용할 수는 없다. 현대어로 풀어보자면, 일 년 사계라든가 기후와 같은 천기天氣를 무시하지 말고 때에 맞게 즐기라는 말로 해석할 수 있다. 봄, 여름, 가을, 겨울의 성생활이나 몸 관리는 어떻게 달라야 할까.

■ 봄

"봄은 고양이로다." 100여 년 전 시인은 노래했다. 꽃가루처럼 부드러운 털에 고인 봄의 향기, 금방울처럼 동그란 눈에 비친 봄의 불길, 조용히 다문 입술에 포근한 졸음, 날카롭게 뻗은 수염에 뛰노는 푸른 생기…….

부드러운 향기와 활활 타오르는 듯한 설렘, 그리고 졸음과 생기. 생기가 오르면서도 유난히 피로하고 졸음이 자주 찾아온다는 것은 어울리지 않는 조합 같지만, 이것은 봄의 특성이다.

대지는 깨어나지만, 이러한 변화에 적응하느라 많은 에너지를 소모해야 하는 생명체들은 곧잘 춘곤증에 빠진다. 우선 밤이 짧아져 수면 시간이 모자라게 되는데다 활동 시간은 늘어나고 그 영역은 오히려 넓어지기 때문에 다른 때보다 쉬이 나른해질 수밖에 없다.

봄이 되면 생명체들은 어느 때보다 생리현상이 활발해진다. 이맘때 새끼를 낳아 겨울이 오기 전까지 양육을 마쳐야 하는 환경조건에 생체리듬이 맞춰져 있는 까닭이다. 사람은 계절과 상관없이 자식을 낳아

28

기르지만, 원초적 생체리듬은 유전자 속에 깊이 간직되어 있다. 춘곤증으로 인하여 피로와 졸음이 쉬이 몰려오는 것과 생식의 욕구가 어느 때보다 왕성해진다는 이 조합은 좀 부조리한 것 같다. 겨울잠의 관성이 아직 남아 있는가 하면 파종을 위해 사랑도 나눠야 한다는 것은 가혹한 시련이다. 시인이 읊었듯 곱고 부드러운 계절인 반면 미친 듯 떠돌기도 하는 계절인 것이다.

체력이 달리는 사람에게는 봄이야말로 '잔인한 계절'이 되기 쉽지만, 평소 관리를 잘 해온 사람이라면 봄이야말로 몸 안에서 정열이 솟아나는 희망과 환희의 계절이 될 것이다. 봄의 기후는 운동하기에 좋은 환경을 만들어주므로 정력에 좋은 걷기를 비롯하여 여러 가지 유산소운동을 할 수 있는 기회가 늘어난다. 건강을 잘 관리하는 사람에게는 봄의 생기가, 몸 관리를 소홀히 하는 사람에게는 봄의 나른함이, 각각 더 크게 느껴지는 것은 당연한 현상이다. 만일 자고 일어날 때가 개운치 못하다면 성생활은 되도록 자제하는 것이 좋다.

■ 여름

남성들은 시각적 자극에 의해 성적 흥분을 잘 느낀다. 이런 남성들에게 옷차림이 간소해지는 여름은 그리 싫은 계절이 아닐 것이다. 문제는 한여름 무더위가 건강 측면에서 성생활에 부담을 주지는 않겠는가 하는 점이다. 습도가 높아서 살갗이 서로 닿기만 해도 찐득하게 땀이 나는 장마철은 성생활에 대한 의욕을 한층 떨어뜨린다. 동양 고전에 의하면 남녀 간의 성생활은 음과 양의 교류와도 같다. 하늘의 양기와 땅의 음기는 때로는 따사로운 햇살로, 때로는 시원한 소나기로, 때로는 은근한 안개와 이슬비로 하늘과 땅을 오르고 내리며 서로 교류해야 땅과 하늘이 모두 비옥하고 깨끗해진다.

『황제내경黃帝內經』 소문素問 편에 이르기를 여름 석 달음력 4~6월은 번수蕃秀라 하며, 나무와 풀이 성장하고 만물이 무성하여 양기가 최고조에 이르는 시기다. 이 시기에 가장 왕성해지는 것은 양기의 중심인 심장이다.

해가 저물면 잠자리에 들고 일출과 함께 일어나 활동을 시작해야 하는데, 이러한 활동을 통하여 양기를 분출하고 하루 한두 차례는 땀을 충분히 흘리는 것이 좋다. 이것은 여름에 양기가 최고조가 되기 때문인데, 만일 양기의 열을 발산시키지 않으면 그 열이 가슴에 고스란히 고이게 된다고 소문은 경고한다. 열이 심장에 고이게 되면 가을에 폐장의 활동이 활발해질 때에 여름에 고인 열이 작용하여 폐장을 쉽게 건조시키고 이 때문에 쉽게 기침이 나는 감기에 걸리게 된다.

현대인들은 여러 가지 과학적 발명의 도움으로, 더위와 추위를 쉽게 물리칠 수 있게 되었는데, 따지고 보면 지나친 문명 이기의 활용이 오히려 건강을 해치는 요인이 되기도 한다. 여름이 되면 빙과나 에어컨 등의 도움으로 아예 더위를 모르고 사는 사람들도 많아졌다. 하지만 건강을 생각한다면, 옛 선인들의 충고가 아니더라도, 여름의 더위를 피하기보다는 충분히 즐기는 편이 낫다.

여름은 성생활도 양적으로 활발해지기 쉬운 때다. 계절에 따라 성생활을 줄이거나 늘리라는 기준은 없으나, 지나치게 양기를 발산하여 몸이 기운을 잃지 않도록 주의해야 한다.

첫째는 과도한 성생활로 양기를 지나치게 발산하지 않도록 하는 일이다. 너무 조심하여 양기가 가슴에 고이는 것도 문제가 있지만 요즘 문제는 발산이 지나친 쪽에서 발생할 가능성이 더 높다. 여름에는 햇빛을 직접 쬐어서 생기는 일사병뿐 아니라 햇빛이 없는 곳에서도 열사병이 발생하기 쉬운데, 섹스는 순간 운동량이 급증하는 행위이기 때문에 더운 날의 무리한 섹스는 몸에 쉽게 무리를 가져올 수 있다.

둘째는 성생활이 무절제해지지 않도록 하는 일이다. 특히 여름철의 무절제한 성생활은 외부감염의 위험과도 연관될 수 있는데, 무더위로 늘어져 저항력이 떨어졌을 때의 감염이란 여러 접촉성 질환이나 전립선 질환의 발생 가능성을 한층 높이는 것으로 추정되고 있다.

■ 가을

청명한 가을은 정신을 가다듬어 겨울을 대비하는 때라 할 수 있다. 인간에게 가장 좋은 생존조건인 섭씨 10~20℃ 사이의 쾌적한 기온에 습도도 알맞아 무슨 일을 해도 능률이 잘 오른다. 가을에 오곡백과가 가장 맛있고 단단하게 영그는 것도 이러한 생육환경의 변화와 무관치 않다. 가을엔 독서나 사색에 적합하고 운동을 해도 능률이 오르고 보약을 먹어도 허비되는 것 없이 살과 뼈로 간다.

이런 조건을 이용하여 가을엔 잘 먹고 많이 움직이고 많이 비축해두어야 한다. 어느 정도는 의무감이 필요하다. 왜냐하면 곧 닥쳐올 겨울은 더 이상 운동이나 비축활동을 하기에 적당한 계절이 아니기 때문이다. 때문에 동물들은 본능적으로 가을을 이용해 많이 먹어두고 많이 저축해둔다. 그리고는 활동이 어려운 겨울 동안 긴 잠에 들어가는 것이다.

사계절 성을 즐기는 인간들은 계절 구분에 따로 구애를 받지는 않는 것처럼 보인다. 인간은 겨울잠을 자는 동물이 아니고 겨울이라 해서 '정精을 굳게 닫고' 돌부처처럼 견디는 존재가 아니다. 여름처럼 스스로 버거워서 피하지 않는 한 현대인의 성생활은 한겨울에도 멈추지 않는다. 따라서 계절적으로 불리한 겨울을 얼마나 건강하고 활발하게 지낼 수 있느냐에 관심을 가져야 한다.

이는 한마디로 가을을 어떻게 지내느냐에 달렸다고 할 수 있다. 진땀나는 여름이 지나간 후부터는 몸을 추슬러 겨울을 대비해야 할 때이다. 선선한 바람이 부는 동안 운동, 특히 걷기나 달리기와 같이 하체를 쓰는 유산소운동을 해두는 것이 정력 유지나 전립선 보호를 위해서도 바람직하다. 몸에 필요한 보약을 짓더라도 가을이 바로 가장 좋은 시기다.

■ 겨울

북반구에 겨울이 찾아오면 밤이 낮 시간보다 배나 길어지는 북유럽 지역에서는 사람들의 우울증이 늘어난다고 한다. 위도가 높은 지역일수록 겨울에 우울증이 늘어나는 원인은 바로 햇빛이 너무 적다는 데에 있다. 빛과 우울증의 관계는 바로 시신경을 통해 자극되는 송과선의 활동이 위축된다는 점에서도 찾을 수 있지만, 날이 주로 어둡기 때문에 활동량, 즉 하루 동안의 운동량이 크게 줄어들어 체내 대사가 활발하지 못하다는 점을 간과할 수 없다. 게다가 해가 짧아지는 만큼 기온도 더 떨어진다. 한기寒氣에 노출되는 양이 늘어나는 것도 건강이 위축되는 주요인이 된다. 이 때문에 북유럽에서는 온천이라든가 사우나같이 몸을 덥힐 수 있는 방법들이 전통적으로 발달되어 왔는데, 요즘은 태양 광선과 같이 적외선과 자외선을 발산하는 가정용 전구가 개발되어 그들의 겨울을 밝혀주고 있다고 한다. 과연 밤이 길어졌다고 해서 겨울잠을 잘 수도 없는 현대인의 생활조건에 맞는 현대 문명의 이기라 할 수 있다.

태양 광선은 인체의 피부에서 비타민 D 합성이 일어나는 것을 돕는다. 비타민 D는 우유에 많이 들어 있는 것으로 알려져 있지만 대개는 태양빛의 도움으로 피부에서 합성되는 영양소가 제 역할을 한다. 가장 중요한 것은 철분 등의 체내 합성을 돕는 작용인데, 이것이 없으면 아무리 철분이 많이 함유된 식품을 먹어도 조혈에 큰 도움을 얻지 못한다. 그러므로 햇빛을 충분히 쪼이는 것은 빈혈을 막거나 치유하는 데에도 필수적인 일이다.

우울한 감정은 사랑의 감정이나 성 기능에 대해서도 부정적인 영향을 미친다. 우울한 감정은 매사에 부정적인 반응을 더 일으키기 때문이다. 해가 있는 동안 밖으로 나가 햇볕을 쬐며 걷는 것은 건강한 사랑을 위해서도 일석이조의 보약이라 할 수 있다. 추워질수록 움츠리지 말고 태양을 마주하는 시간을 늘리도록 노력할 일이다.

살아 있다면
사랑하라

**생리 시계는 하루도
멈추지 않는다**

『소녀경』에 등장하는 황제께서도 잦은 성생활
로 체력에 한계를 느꼈던 모양이다. "당분간
성생활을 중단할까 하는데, 어떻게 생각하느
냐."고 소녀에게 묻는다. 시중드는 여자들이
많은 황제다 보니 지겨워질 법도 하다.

하지만 소녀는 조언한다. "일 년 사계가 유지되는 것은 하늘과 땅이
하루도 멈추지 않고 기를 교류하기 때문입니다. 남녀의 교합 또한 멈
추지 않는 것이 좋습니다." 물론 『소녀경』이 상정하는 조건, 그리고 그
시대의 환경이나 도덕률은 현대 사회와는 판이한 차이가 있다.

우선 『소녀경』에 등장하는 황제처럼 하루 종일 몇 날 며칠을 젊고 싱
싱한 호녀好女들을 골라 곁에 두고 방생술의 여러 기술을 섭렵할 수 있

는 사람은 거의 없다. 돈도 돈이지만 한 남자가 공공연히 여러 여자와 그 짓을 한다는 것이 과연 몇 사람에게나 가능할까. 여러 처첩을 거느리고 일 안 해도 먹고 살 수 있는 아랍의 왕자거나 《플레이보이》 창업자 휴 헤프너 같은 사람이 아니라면 그 누가.

그러므로 『소녀경』이 아무리 불로장생하고 신선이 되는 비법을 전해주고 있다 해도, 대다수 현대인에게 그것은 먼 나라 얘기, 그림의 떡과 같은 얘기일 뿐이다. 그렇다고 『소녀경』이 현대인에게 무의미한 것은 아니다. 적어도 보통 사람들이 취할 수 있는 진수眞髓는 따로 있으니까.

그 핵심 메시지의 하나가 바로 "멈추지 말라."는 원리다. 하루 이틀 간격이든, 일주일이나 열흘에 한 번이든, 중요한 것은 나름의 '일상적 성생활'을 중단하지 않는 일이다. 빠르든 느리든, 인체 생리작용의 수레바퀴는 잠시도 멈추지 않고 돌아야 한다.

현대 과학에서도 멈추지 않는 성생활이 건강에 큰 도움을 준다는 것을 입증하는 통계와 연구들은 수도 없이 나와 있다. 젊어서부터 일주일에 두 번 이상 성관계를 갖고 살아온 사람들이 이보다 뜸한 사람들에 비해 수명이 50%가량 더 길며, 아예 성생활 없이 혼자 사는 사람들은 훨씬 더 일찍 죽는다는 통계가 있다. 일주일에 1~2회 성생활을 유지하는 사람들은 그렇지 않은 사람들에 비해 면역세포들이 활성화돼 질병에 대한 저항력이 높다는 분석도 있다. 키스를 자주 하는 사람은 감기에 덜 걸린다는 연구결과는 이미 잘 알려진 사실이다. 활발한 섹스는 인체 생리작용을 활성화하고 질병에 대한 몸의 저항력을 높여주기 때문이다.

활발한 성생활은 체내의 호르몬 분비를 활성화한다. 호르몬의 활성화로 인해 피부가 고와지고 잔병이 줄고 여성의 생리가 정상화되며 스트레스에 대한 내성이 길러지고 남성은 전립선이 강화된다. 그뿐인가. 혈압이나 소화기능 강화, 비만 예방, 근육 강화까지 별도의 투약 없이도 천연 호르몬요법 효과와 운동 효과를 고루 얻을 수 있는 셈이다.

주기적으로 성생활을 유지하는 여성은 에스토스테론의 혈중 농도가 높아 월경이나 임신, 출산 등 생리기능이 순조롭게 유지되며 생리 관련 문제들이 치유된다. 체내 독성을 분비하는 스트레스 호르몬이 감소됨으로써 피부가 고와지고 에스트로겐은 골다공증을 막는 데도 도움을 준다. 말초신경의 자극과 호르몬 효과에 따라 두뇌가 활성화되므로 머리 회전이 좋아지고 노화를 막아준다. 두뇌의 건강 통제시스템이 원활히 작동되도록 하기 위해서는 호르몬의 원활한 분비가 필수적이다. 호르몬의 생산에 영향을 주는 요인은 무엇일까. 바로 인간의 감정과 평소 식생활, 수면습관 등이다.

인간의 감정이 우리 몸에 미치는 영향은 매우 중대하다. 즐거움과 기쁨의 감정은 엔도르핀을 샘솟게 한다. 엔도르핀은 면역세포들을 자극하여 몸의 저항력을 크게 높여준다. 고통의 감정은 아드레날린류類의 호르몬을 솟아나게 한다.

몇 년 전 스코틀랜드에서의 한 연구는 주 3회 이상 성생활을 하는 사

람들은 자기 나이보다 평균 10년은 더 젊어 보인다는 것을 입증했고,
미국에서는 키스를 자주 하는 사람은 감기에 걸리는 비율이 훨씬 낮다
는 연구결과가 보고되기도 했다. 사랑은 사람을 더 젊게, 더 건강하게
만드는 효과가 있다는 증거들이다. 모두 사랑의 감정과 섹스 행동에
의한 엔도르핀 등 호르몬의 영향인 것으로 분석되었다. 총각 처녀들이
겨울 준비의 하나로 연인을 만들고 싶어하는 배후에는 생리적인 본능
의 요구가 있는 셈이다.

사랑을 완성하는 3가지 호르몬

감정의 호르몬 가운데서도 도파민, 페닐에틸
아민 그리고 옥시토신 등 세 가지 물질은 특히
사랑의 감정 또는 행위와 관련하여 흘러나오
는 호르몬들이다.

■ 흔히 '큐피드의 화살'에 비유되는 도파민은 사랑하는 사람의 눈에
'콩깍지'를 씌우는 신비의 작용을 하는 호르몬이다. 한 번 사랑하는 마
음을 품게 되면 그 대상의 일거수일투족이 다 예뻐 보이고 무슨 짓 무
슨 말을 해도 다 이해할 수 있게 되는 것이 바로 도파민의 작용 때문이
다. 물론 지나치면 환각작용으로 현실감각을 잃게 될 수도 있지만, 이
호르몬의 포로가 돼 있는 한 그 행복감은 거칠 것이 없다.

■ 페닐에틸아민이 흘러나오면 멀리서 동경심만 갖는 것으로는 만족하지 못한다. 다가가 끌어안고 싶은 충동과 그를 소유하고 싶은 집착이 생긴다. 사랑의 감정에 빠졌을 때, 상대에게 정신을 빼앗기는 것이 도파민에 의한 작용이라면, 물리적 욕구가 생기는 것은 페닐에틸아민에 의해서다. 사랑을 위해서라면 아무것도 거칠 것 없이 행동으로 돌입할 수 있는 용기와 충동 또한 페닐에틸아민의 작용으로 생긴다.

■ 사랑의 성취 단계에서 흘러나오는 최상의 애정 호르몬이 옥시토신이다. 이 호르몬은 사랑하는 대상을 위해서라면 자기 목숨이라도 아낌없이 내줄 수 있는 지고지순한 '순정'을 이끌어낸다. 이 세상에 목숨까지 내줄 만한 사랑이란 어떤 것일까. 배우자를 위해서? 그런 경우도 없진 않을 게다. 그렇다면 연인을 위해서? 그건 그저 희망사항일 뿐이다. 사랑하는 이웃을 위해서? 그건 성자에게나 가능한 얘기일 것이고.

사람이 자기 목숨까지라도 내놓을 수 있는 사랑이 있다면, 보통 그것은 자식을 위한 사랑뿐일 것이다. 아기를 사랑하는 엄마의 감정. 이 지고지순의 사랑을 가능케 하는 '모정母情의 호르몬'이 바로 옥시토신이다. 남녀 사이에 사랑이 무르익어 옥시토신 분비되는 단계에 이르면 여성의 몸은 임신 가능한 상태로 활짝 열리게 되고, 심리적으로도 "당신 닮은 아기를 낳고 싶어요."와 같은 상태에 돌입한다. 물고기들이 산란장소를 준비하거나 새들이 서둘러 둥지를 짓는 것도 이 호르몬이 왕성해질 때의 일이다. 산란을 위해 목숨을 내놓고 모천을 거슬러 올라가는 어미 연어들도 이 순간에는 옥시토신의 지시를 따라 움직이고 있다.

옥시토신은 임신뿐 아니라 산란, 출산, 육아의 전 과정에 작용하는데, 이를테면 새끼에게 먹일 젖이 잘 나오도록 하는 것도 옥시토신이 하는 일 가운데 하나다. 옥시토신은 젖을 잘 나오게 하는 물질인 동시에 젖을 자극함으로써 활발히 분비되는 물질이기도 하다. 어린 아기가 엄마의 젖꼭지를 물고 자극하면서 또 다른 손으로 반대편 유방을 잡고 있을 때 엄마의 몸에서는 옥시토신이 활발히 분비되면서 젖의 분비도 활발해지게 된다. 젖소에게서 우유를 짤 때 먼저 젖꼭지를 따스한 물로 씻어주면서 잘 문질러 마사지하는 것은 세척과 동시에 젖꼭지를 자극해 옥시토신 분비를 유도하기 위해서다. 혹 젖소의 젖이 잘 나오지 않을 때 옥시토신 함유물질을 주사하기도 하는데, 이 호르몬을 한 방울만 주사해도 단 10여 초 사이에 우유가 절로 흘러나온다고 한다.

아기에게 젖을 물리고 있는 동안 엄마는 옥시토신의 작용으로 심리적 안정감도 얻게 된다. 이때 엄마와 아기 사이에는 헌신적이고 무조건적인 애정관계가 형성된다. 젖먹이에 의해 촉발된 옥시토신은 출산으로 늘어진 자궁의 근육을 수축시켜 질의 원상회복에도 큰 도움을 준다. 자연의 메커니즘은 어떤 의술보다 완벽하여 신비롭기만 하다.

성생활에도 학습과 훈련이 필요해

유선방송 등장 이후 안방에서도 외국의 방송 프로그램들을 거의 실시간이나 다름없이 볼 수 있게 되었다. 미국발 프로그램들을 보면 그들 역시 우리들 못지않게 사랑의 문제에 많은 금기와 고민을 갖고 있는 것 같다. 프로그램 중에는 성생활에 불만을 가진 파트너들을 상대로 성 상담을 해주며 성생활의 실전 테크닉까지 가르쳐주는 성 테라피therapy 프로그램도 있다.

이 프로그램은 아주 대담하고 구체적이다. 전문가들이 두 파트너를 직접 대면하여 구체적인 기교를 말로 설명한 다음 두 사람의 실전 현장을 카메라 등을 이용해 관찰하면서 필요한 행동, 또는 절제해야 할 행동들을 직접 지도하기도 한다. 개인의 성생활에 대해 이처럼 구체적인 가이드를 제시하는 상담치료섹스 테라피야말로 많은 사람들의 말 못할 고민을 해결하는 데 큰 도움이 될 것이다.

부부 간, 특히 신혼부부들이 서로 간에 거리감을 좁히지 못하고 파경을 맞는 경우가 많은데, 성적인 관계만 개선해도 그 절반쯤은 충분히 위기를 극복할 수 있을 것이라는 게 많은 전문가들의 생각이다. 성생활의 만족은 개인의 행복, 가정의 평화와도 직결된다는 의미다.

대부분의 서툰 파트너들에게 있어 주로 문제가 되는 것은 관계를 갖기 전 페팅전희의 단계다. 서툰 파트너일수록 서두르는 경향이 있는데, 이는 자연히 충분한 전희를 방해하는 원인이 된다. 성관계에서 전희는 필수적이다. 특별한 상황이 아니라면 이것을 즐기는 것이 만족스런 섹스의 절반을 차지한다. 능숙한 커플들은 전희를 통해 충분히 즐거움을 만끽하고 나서, 나머지 절반의 즐거움은 삽입을 통해 완성하는 편을 택한다.

하지만 이것 또한 절대적인 것은 아니다. 왜냐면 어떤 커플의 경우는 전희의 중요성에 너무 집착한 나머지, 전희 단계에서 이미 힘이 다 빠져 본 게임을 이어갈 만한 열정이 남아 있지 않게 되는 경우도 있다. 개인의 성격이나 특성, 또 관계를 가질 때마다의 특정한 상황들은 제각기 다른 형태의 테크닉이나 목표를 요구하게 된다. 어떤 교과서적 테크닉에 집착하기보다는 유연하게 그 순간에 어울리는 최상의 방식을 즐기는 것이 중요하다.

사람들은 어떤 자격시험이나 취직시험을 위해 많은 시간을 들여 공부를 하고 훈련을 받는다. 그 일이 중요하기 때문이다. 그런 일에 비하면 성공적인 결혼생활은 인생에서 더욱 중요한 일이 아닐 수 없다. 그런데도 많은 사람들이 결혼에서 매우 중요한 부분인 섹스를 잘 배우고 훈련하려고 노력하지 않는 것은 안타까운 일이다.

바람기는 본능, 능청은 미덕

단세포생물을 제외하면, 대부분의 생물체들은 자성雌性-여성과 웅성雄性-남성이 딴 몸으로 이루어져 있다. 자웅이 서로 교합하여 유전자를 내놓아 새로운 2세를 낳게 되는데, 그것도 자기 부모형제 간이 아닌 제3의 이성과 만나야 건강한 자손을 낳을 수 있다.

생각하면 보통 번거로운 일이 아닐 수 없다. 제3의 이성을 만나기 위해 암컷이나 수컷은 자기 가족을 떠나 멀리 여행을 하고, 또 낯선 곳에 가서 마음에 드는 상대를 차지하느라 목숨 걸고 연적戀敵과 겨루기도 한다. 양순한 양이나 사슴 같은 동물조차도 짝짓기 철이 되면 피를 흘리며 동족과 싸움을 불사한다. 만일 본래부터 성이 나뉘지 않고 한 몸에 같이 들어 있다면 모든 동물들은 동족들끼리 다툼을 벌이는 일 없이 평화롭게 공존할 수 있지 않았을까.

하지만, 자웅이 나뉘어 있다는 것은 생명의 진화와 종의 보존을 위해 매우 중요한 의미를 갖는다. 서로 다른 암수 개체가 결합하여 제3의 개체인 2세를 얻도록 된 것은 우선 기존의 암컷이나 수컷보다 좀더 나은 후손을 얻기 위한 장치로서 중요하다. 암컷의 복제도 아니고 수컷의 복제도 아닌 새로운 개체가, 어버이 각각의 유전자로부터 우성인자들을 선택적으로 물려받아 좀더 발달된 존재로 태어남으로써 생물의 종은 보다 강하고 보다 영리한 개체로 진화를 거듭할 수 있었다. 만일 생명체들이 보다 나은 후손을 얻기 위해 우수한 배우자를 찾으려고 노력하지 않는다면 생명의 진화는 잘 이어질 수도 없으려니와, 자연생태계에서 일어나는 다이내믹한 생명활동도 찾아보기 어려울 것이다.

목숨을 건 성적 활동은 그 생명이 누릴 수 있는 최상의 쾌감을 보상으로 얻게 되는데, 그것은 이성 사이에 결합의 동기를 높이기 위해 자연이 선사한 장치다.

모든 생명체들이 지닌 이 숙명적인 생명활동은 가장 고등하게 진화된 인간에게도 예외가 아니다. 다만 인간이란 존재는 다른 동식물과는 다른 욕망구조를 가지고 있다. 원시시대에는 어땠을지 몰라도, 현대의 인간세계에서는 종의 번식을 위한 생식활동보다 사회적 존재로서의 역할이 크게 늘었다. 따라서 성적 욕망을 겉으로 드러내며 경쟁하지 않는 대신 에둘러 표현하거나 발산하는 다양한 수단들을 갖고 있다. 이를테면 여러 가지 지적인 활동, 예술 활동, 문학적 활동, 경제 활동, 정치 활동 그리고 몸을 이용하되 성을 직접 표출하지 않는 스포츠나 무술, 무용 등이다. 성을 직접 드러내지 않으면서도 성적 욕구를 표현하거나 대리 충족하는 기술을 다양하게 구사하는 능청스러움이야말로 인간만이 가진 능력이다.

인간에게서 본능적으로 일어나는 '바람기'는 정당한 것이지만, 그것을 표현하는 수단에 있어서는 고등동물에게 합당한 자제력과 능청스러움 같은 기술이 필요하다고나 할까. 사실 욕구를 쉬이 드러내지 않는 '능청'이란 기술은, 욕망의 노골적인 표출에 비해 성취도에서도 오히려 중요한 장점이 될 수 있다. 아는 사람은 다 아는 사실이다.

바람기와 정력은 비례할까

성을 많이 즐기는 사람과 덜 즐기는 사람, 거의 관심이 없는 사람. 이 사이에는 어떤 차이가 있을까. 간혹 그것을 단순한 에너지의 크기 문제로 여기는 사람도 있다. 에너지, 즉 정력精力이 넘치면 그만큼 사랑, 이성에 대한 관심도 커지고 그래서 좀더 활발히 즐기게 될 것이며, 정력이 부족하면 그만큼 성에 대한 관심도 적지 않겠느냐는 것이다.

정력은 각 사람이 가지고 있는 근원적 에너지라 할 수 있다. 서양의 프로이트는 그것을 '리비도'라고 말했는데, 근본적으로 '성적 에너지'라 보았다. 섹스와 정력 사이에 상호 연관성이 있다는 것은 맞는 얘기다. 하지만 정확히 비례하는 것으로 단정 짓는 것은 무리가 있다.

같은 양의 에너지라도 그것을 주로 어디에 사용하느냐에 따라, 능력은 다르게 개발될 수 있기 때문이다. 똑같이 넘치는 정력을 갖고 있더라도 그 힘을 주로 생각하는 데 쏟느냐, 생활노동에 소모하느냐 스포츠에 소모하느냐에 따라 각기 다르게 발현된다. 성적 능력 또한 얼마나 거기에 관심을 가지고 훈련을 하느냐에 따라 달라지는 것이어서 반드시 성적 능력과 정력의 크기가 비례하지는 않는 것이다.

보수적인 동양 쪽의 사고에서는 일반적으로 에너지를 섹스를 위해 소모하는 것을 경계하는 경향이 있다. 공부라든가 다른 생산적 노동에 힘을 쏟기 위해서는 욕정을 위해 에너지를 너무 많이 소모하지 않는 게 좋다. 특히 예로부터 중요한 일을 앞두고 "주색을 멀리하라."는 금기를 선택했던 것은 에너지의 효율 면에서 지극히 과학적인 배려라 할 수 있다.

하지만 섹스 자체를 너무 경원시하여 지나치게 성적 욕망을 억제하는 것은 문제가 있다. 의학적 입장에서 말하면, 지나치게 성생활을 억제하는 것은 건강에도 이롭지 않다.

우선 사람이 갖는 감정―요약하여 7정情이라든가―의 조화는 몸에서 이루어지는 신진대사와 생리작용에 긴밀한 상관관계를 맺고 있다. 그러한 관계를 매개하는 호르몬의 대사는 성생활로부터 직접적인 영향을 받게 된다. 성생활이 억제된 성인의 감정은 히스테릭하거나 지나치게 침체되고, 혹은 예민하거나 지나치게 공격적인 성향을 나타내기 쉽다. 성생활이 원활한 사람의 성격이 부드러워지는 것은 곧 감정의 예민함을 덜어내는 호르몬의 작용 때문이다. 반면 성적 관심이 지나쳐 탐닉하는 수준에 이르게 되면 이성적 합리적 두뇌활동이 저하되는 경향도 나타나게 된다. 지하철에서의 치한이라든가 여학교 앞에 주로 나타나는 '바바리 맨' 같은 경우를 연상할 수 있다.

원만한 호르몬의 활동은 오장육부의 원활한 활동을 도와 신체의 건강을 유지하는 데 중요할 뿐 아니라 균형 잡힌 정신활동을 유지하는 데도 큰 도움이 된다. 잘 먹는 것과 주기적인 운동과 건전한 성생활은 건강한 노년을 향한 삼위일체의 비법인 셈이다.

섹스리스 시대 진짜 원인은?

2년 전인가. 일본에서는 30대 이상 기혼 남녀를 대상으로 한 조사에서 한 해 동안 전혀 성관계를 갖지 않는 부부의 비율이 33.9%에 이른다는 보도가 나왔다. 이들 중 성생활을 사실상 하지 않는다고 답한 부부도 48.8%나 되었다고 하니 절대수의 부부들이 성생활에 문제가 있음을 시인한 셈이다.

적어도 지금 기성세대의 관점에서는, 부부 간에 원활한 성생활은 기본적인 행복의 조건이다. 그에 비추자면, 일 년 내내 거의 한 번도 성관계를 갖지 않거나 제대로 관심을 두지 않고 사는 사람들이 압도적으로 많다는 것은 놀라운 일이다. 그 이유는 무얼까. 이들은 성생활이 귀찮고, 임신하기가 싫고, 바쁘다는 등의 이유를 들었다고 한다. 남성의 기능에 문제가 있어서라는 대답도 10%를 넘었다.

성생활 없이도 사는 데 불편을 느끼지 않는다는 것은 흥미로운 현상이다. 본능이 소멸된 새로운 인종으로 변화한 것이 아니라면, 현대인의 성욕이 비정상적으로 저하되고 있다는 증거는 아닐까. 물론 배우자 아닌 다른 파트너를 통해 성욕을 해소하는 경우도 꽤 있겠지만, 그것만으로 이렇게 파격적으로 높아진 섹스리스 부부의 비율을 설명하기는 어렵다.

요즘 한국에서도 젊은 나이에 월경이 중단되거나 불규칙해지는 여성들이 늘어나고 있다. 성에 대한 호기심을 잃어버린 남성들도 늘어나는 듯하다. 연인 사이에서 성적 접촉이 없다거나, 성관계가 소홀한 부부들도 늘어나고 있다. 물론 성적 활동의 위축은 어떤 의식적인 합의를 통해 일어나는 현상이 아니다. 인간이 의식하지 못하는 여러 사회 환경의 변화들이 알게 모르게 인간의 생식능력을 위축시키며, 심리적으로도 그러한 자극이 점차 줄어들면서 생식활동이 줄어드는 식이다.

생물학적으로, 생명체들의 생식활동은 여건에 따라 변화한다는 이론이 있다. 종족의 소멸이 우려되는, 예를 들어 심한 가뭄이 계속된다거나 이상 기온이 나타날 때는 생명체들의 생식활동이 현저히 활발해진다는 것이다. 인간도 예외가 아니어서 천재지변이나 전쟁 등으로 많은 사람이 죽거나 사라진 직후에는 반드시 출산율이 상승하며, 수명이 길어지고 인구가 늘어나는 태평성대에는 반대로 출산율이 줄어드는 현상이 나타난다고 한다.

이런 이론에 비춰 보면 오늘날 인간은 필경 좋은 시절에 살고 있음이 분명하다. 출산율이 줄어들고 있거니와 성을 즐기려는 태도 또한 퇴조하는 현상이 나타나고 있기 때문이다.

구체적으로는 성적 활동에 영향을 미치는 요소들, 이를테면 섭생과 대기환경의 오염으로 인한 영양 불균형과 사회적 스트레스 등이 성에 대한 소극적 태도를 불러온다. 단순히 심리적인 변화일 뿐 아니라 실제로 신체적 변화가 그렇게 일어난다. 아기를 낳고 싶어도 생식능력이 부족해서 안 되는 청년층이 늘어나는 현상도 이렇게 설명될 수 있다. 성적 능력과 직접 연관되는 간肝과 신腎 등의 장기들은 누적되는 피로, 오염된 음식과 공기, 물 그리고 술과 담배, 정신적 스트레스 등에 의해 쉽게 위협을 받고 무력화된다.

섭생과 운동, 환경 개선 등의 노력이 임신 능력을 회복하는 데 중요한 요소로 지목되고 있다. 전해 내려오는 '비방'을 시도하는 사람도 있고, 영양제나 정력제, 몸의 PH상태 조절 등 온갖 과학적 비과학적 방식들이 수단으로 등장하기도 하나, 역시 임신 능력을 높이기 위해서는 과학적인 방법을 사용하는 것이 중요하다.

무엇보다 중요한 것은 남자나 여자나 임신 가능한 건강한 몸, 정상적인 성 기능을 유지하도록 노력해야 한다는 것이다.

섹스의 두려움은 무지에서 비롯된 것

섹스는 본능적 행위이므로 굳이 배우지 않아도 때가 되면 누구나 잘할 수 있다고 생각하는 사람들이 많다. 그러나 본능이라고 해서 누구나 제대로 잘하는 것은 아니다. 현대에 와서는 의외로 부부관계를 어떻게 맺어야 할지 몰라서, 혹은 그에 대한 편견 때문에 관계를 거의 갖지 못하는 신혼부부들이 적지 않다. 이런 성적 불만으로 서로 스트레스 받지 말고 친구처럼 살자고 합의하는 젊은이들이 있는가 하면 어느 한쪽의 욕구불만 때문에 관계가 서먹해져 결국은 이혼으로 치닫는 부부도 있다.

사람은 먹고 배설하고 종족 보존을 위해 교접하는 일에 관한 한 본능이라는 선생을 모시고 태어났다. 태어난 아기가 곧바로 엄마의 젖을 빠는 것은 바로 본능이 가르쳐준 생존의 기술이라 할 수 있다.

그러나 보통 태어난 지 20여 년이라는 세월이 지나서야 그 용도가 생기는 섹스에 관한 본능은, 먹고 배설하는 본능과는 입장이 많이 다르다. 인간은 성장기를 지배하는 수많은 규율과 상식과 억압, 그리고 자연적 물리적 생활환경의 조건에 따라 각기 다른 문화와 가치관에 익숙해진다. 현대로 올수록 인간의 본능들은 보다 많은 규범과 스트레스에 의해 교육되고 억압되었으며, 그 결과 성에 대한 가치관이나 행동방식도 본래의 본능이 지향하는 바와는 많은 차이를 갖게 되었다. 겉으로 멀쩡해 보이는 젊은이들이 정신적 육체적 요인으로 정상적인 성생활을 하지 못하는 현상이 흔해진 것도 기실 '문명'이 벌여놓은 여러 현상 가운데 하나라 할 수 있다.

오랜 세월에 걸쳐 한국의 가정, 학교, 종교들은 성을 있는 그대로 가르치기보다는 되도록 자제하지 않으면 안 되는 '필요악'처럼 가르치는 경향이 있었다. 요즘 젊은 세대는 영화, 문학, 인터넷 등을 통해 다양한 성 문화를 직간접으로 체험하고 그만큼 개방된 의식을 지닌 경우가 많아졌다. 그렇다곤 하더라도 아직 많은 젊은이들의 머릿속에는 자연스런 애정 표현이라든가 인격적인 이성 관계를 어려워하는, 부모세대로부터의 영향이 남아 있다.

반면 요즘 젊은이들이 성을 배울 수 있는 기회라는 것은 차라리 부모세대처럼 형제자매나 사촌 등과 어울려 자라던 시대보다 못할 수도 있다. 자연스럽게 보고 들으면서 배울 수 있는 환경과는 거리가 멀어

50

졌기 때문이다. 개방적인 환경에서 자란다고는 하지만, 성을 쾌락 위주로 묘사한 매체들은 차고 넘치는 반면 성생활의 기본을 체계적으로 가르쳐주는 수단은 극히 적다. 난잡한 포르노 매체들이 오히려 섹스에 대한 역겨움이나 지나친 환상 같은, 왜곡된 관념을 심어줄 위험도 높다. 제도적으로는 학교 교육에 성교육이 포함되는 등 형식적 여건이 나아진 것 같지만, 그런 시간이 제대로 운용되는 예는 그리 많지 않은 것 같다.

모르는 것은 두려움을 준다. 일부 청소년들 사이에서는 성을 죄악시하고 성관계를 두려워하는 경향도 생겨났다. 시간이 지나면서 하나씩 궁금증을 풀고 바른 인식을 갖게 되며, 또 사회의 일원으로서 자식을 낳아 기르는 일에 대한 책임을 차차 받아들이게 된다면 다행이다. 만일 그러지 못한다면 이들 개개인의 삶도 불행할 뿐 아니라 사회문제로서도 점점 심각한 양상을 띠게 될 것이다. 젊은이들에게 성에 대한 밝고 긍정적인 인식을 갖게 하는 일은 점차 절실한 사회적 과제가 되고 있다.

조루에도 뜻이 있다

성생활이 만족스럽지 않은 커플의 경우, 상당수에서 발견할 수 있는 원인이 바로 남성의 조루현상이다. 남자에게 나타나는 조루현상은, 성 의학 입장에서는 일종의 질병 증상으로 볼 수 있는데, 그 원인은 대개 정력 부족, 피로의 누적 그리고 기질적 원인으로 나누어볼 수 있다. 사실 의학적 도움이 필요한 경우는 기질적 원인이라 할 수 있고, 정력의 문제거나 피로의 문제 같은 것은 조루에 대한 직접적 치료보다는 정력을 북돋고 피로에서 회복시키는, 보조적 치료를 요하는 경우라 할 것이다.

남성의 조루 치료에서 한의학이 보다 효과적인 도움이 될 수 있는 것은 한의학의 본질이 기력을 돋워주고 기운을 높여주는 '상생의 치료'에 주안점을 두기 때문이다. 모든 문제에는 원인이 있고 그 원인을 살피면 해답이 나오듯이, 건강의 문제 또한 원인으로부터 해답을 찾는 '원인치료'가 보다 효과적이고 근본적인 치료라 할 수 있다. 한의학이야말로 '원인치료'를 근본방식으로 삼는 의학인 것이다.

조루의 경우, 당장 발기력을 높이고 귀두의 감각을 둔화시키는 방법으로 일시적 도움을 줄 수는 있지만, 그 원인을 살핀다면 보다 다양한 치료나 개선 방법을 찾아낼 수 있다는 점에 주목할 필요가 있다. 남성에게 나타나는 발기부전이나 조루현상은 반드시 부정적인 현상만은 아니다. 남성의 몸이 지쳐 있고 기운이 떨어졌을 때 조루가 나타나는 것은, 이런 상태에서 생식활동을 하는 것이 남성의 몸에 도움이 되지 않기 때문에 이를 방해하기 위해(?) 생기는 현상이라 할 수 있다. 만일 몸이 지치고 기력이 바닥까지 내려간 상태에서도 자유자재로 발기가 되고 발기력이 길게 유지되어 오랜 시간 관계를 지속할 수 있게 된다면, 남성은 잠시의 즐거움을 위하여 지나치게 많은 기운을 소모하게 되고, 이것은 몸을 더욱 허약하게 하며 나아가 수명까지 단축시키는 위험을 초래하게 될 것이다.

요즘은 발기력 약화나 조루 자체를 질병으로만 생각해서 당장 발기력을 높이기 위한 약물치료나 성급한 보형물 치료 등으로 가는 경우도 보게 되는데, 몸의 '건강'을 생각한다면 별로 바람직한 일이 아니다. 발기부전이나 조루현상을 몸이 어떤 원인에 의해 자연스럽게 나타내는 일종의 신호로 생각한다면, 조루는 건강상태가 안 좋거나 기력이 부족함을 알려주는 일종의 '신호'로 받아들일 수 있다. 이런 신호가 나타나면, 당연한 얘기지만, 당장 성생활을 자제하고 몸의 피로를 먼저 풀고 나서 기력을 회복하기 위한 치료에 힘쓰는 것이 우선이다. 이 과정에서 자연스럽게 발기력이 회복되고 조루가 개선된다면, 더 이상 인위적인 수단의 치료는 불필요할 수도 있다.

만일 기력이 회복되고 피로가 개선됐는데도 발기력 부족과 조루현상이 지속된다면, 그때부터는 적극적인 치료를 시작하는 것이 좋다. 심리적 요인과 기질적 요인들을 분석하고 적절한 상담과 치료를 받는다면, 대개의 경우 길지 않은 기간 안에 '남성 본능'을 충분히 회복할 수 있다.

섹스에 대한 당신의 지식은?

섹스의 개념에 대해서도 고정관념을 갖고 있는 이들이 많다. 예를 들어 관계를 갖기 위해서는 먼저 이부자리침대부터 깔아야 한다든 가, 옷부터 벗어야 한다든가, 창문에 커튼부터 가려야 한다든 가……. 복잡한 절차부터 따지기 시작하면 섹스는 복잡한 작업이 될 수밖에 없다. 즐거운 놀이를 원한다면 이런 복잡한 개념부터 벗 어던지자.

1. 섹스는 이성 간에 성기의 삽입을 의미한다.
2. 성기의 삽입이 이루어지지 않은 접촉은 섹스가 아니다.
3. 섹스는 남성의 사정이 이루어짐으로써 완성된다.
4. 여성은 느낌만으로 오르가슴에 도달하는 것일 뿐, 실제 사정하지 는 않는다.
5. 성기는 남성이 클수록 여성이 작을수록 쾌감도 크다.
6. 삽입 후 3분을 넘기지 못하면 조루다.
7. 입과 혀를 사용하는 것은 변태적 섹스에 속한다.

이 명제들 가운데 3개 이상이 당신의 생각과 일치한다면 당신은 섹 스에 대해 오해가 많은 사람이다. 섹스에 대한 새로운 지식으로 무장 할 필요가 있다. 각각의 명제에 대한 다음 해설을 들어보자.

1. 천만에! 삽입하지 않고도 즐길 수 있는 성희性戱의 방법이 얼마나 많은데.

2. 온갖 페팅을 다 즐기고도 삽입하지 않았으니 섹스가 아니었다고 우기
   는 사람도 꽤 많다. 정말 그것은 섹스의 범주에 들어가지 않는 것일까.
3. 이 책에서 사정하지 않는 섹스에 관한 부분을 찾아 읽어보라.
4. 아직 그렇게 생각한다면 당신은 여자를 잘 모르고 있는 것이다.
5. 성에 대한 대표적 오해 가운데 하나다. 인도의 『카마수트라』가 갖
   고 있는 가장 큰 오류가 바로 성기의 조합에 관한 잘못된 가르침
   이다.
6. 세계보건기구가 발표한 국제적 정의定意에 따르면, "조루는 스스
   로 사정의 타이밍을 선택하기 전에 사정하는 상태"다. 필요에 따
   라 3초든 30초든 스스로 원하는 순간에 사정을 할 수 있다면 조루
   라고 할 수 없다.
7. 입술부터 가슴, 음부, 엉덩이까지, 좋아하는 상대라면 어디 하나
   달콤하지 않은 구석이 없다. 상대의 몸을 혀끝으로 고루고루 맛을
   보라. 머리끝부터 발끝까지, 멋진 섹스를 왜 맛있는 식사에 비유
   하는지를 깨닫게 될 것이다.

섹스의 본질은 '교감交感'이다. 대화처럼 서로가 서로를 즐겁게 느끼
고 받아들일 수 있어야 진정한 섹스가 되는 것이다. 심지어 섹스는
반드시 멋있고 황홀하지 않아도 된다. 몸이 피곤하다면 단지 스킨십
을 나누는 것만으로도 훌륭한 섹스가 될 수 있다. 형식에 얽매이지
않고 육체의 느낌과 정신적 교감이 함께 고양되는 섹스야말로 보다
높은 수준의 성적 교감을 나눌 수 있는 이상적인 섹스라 할 것이다.

PART 2

갇힌 성, 열린 성

고정관념의
'성문(性門)'을 열어라

**서로 베풀어라,
정말 뜨거워진다**

불같이 뜨거운 사랑, 뜨거운 섹스를 동경하는 사람들에게 가장 먼저 묻고 싶다. 당신은 지금까지 누구를 위한 사랑을 했는가라고 말이다.

우선 사람들이 연애하는 이유를 따져보면 외로움에 대하여 위로를 받고 힘든 일상으로부터 벗어나 즐거움과 행복을 찾기 위해서라고 할 수 있다. 바로 여기에 문제의 핵심이 있다. 누구나 자신의 즐거움과 위안, 행복을 찾는 것이 연애의 목적이라는 것은 다시 말하면 자기 자신을 위해서 연애를 한다는 뜻이다. 연애가 일반적으로 이기적인 동기에서 이루어지고 있음을 알 수 있다. 서로 '자기 유익'을 구하기 위해 만나는 인연이 내내 순탄하기는 어렵다. 자신의 유익을 먼저 생각하는 사람끼리의 만남은 필경 경쟁과 다툼의 관계로 바뀔 수밖에 없다.

그렇다면, 만약 '나'가 아니라 '상대'를 즐겁고 편안하고 행복하게 하는 것을 목적으로 연애를 한다면 어떻게 달라질까. 놀랍지만 대다수 '연애의 달인'들은 마치 자기 자신보다는 상대를 더 즐겁고 편안하게 해주기 위해 연애를 시작한 것처럼 군다. 자신의 즐거움과 행복감을 위해 연애를 시작한 파트너는 당연히 그에게 끌릴 수밖에 없다.

섹스 또한 그러하다. 섹스는 '혼자 놀기'가 아니라 '함께 즐김'이다. 함께 나누는 섹스를 위해서는 무엇보다도 상대에 대한 배려가 있어야 한다. 여성이나 남성이나 상대의 성에 대한 구체적이고 실용적인 성적 지식을 가질 필요가 있고 특히 여성은 자신의 몸에 대한 관심과 자신의 성감을 개발하기 위한 노력을 조금은 가져야 한다.

여성의 성기는 남성과 달라서 매우 부드럽다. 그런 곳에 아무런 준비전희 없이 단단한 성기가 진입하여 피스톤 운동을 하면 마찰과 충격이 계속되면서 통증을 느끼기 때문에 여성의 성적 욕망은 사라지고 섹스는 고통으로 바뀌게 된다. 이런 섹스가 반복되면 여성은 섹스에 거부감을 갖게 되고, 경우에 따라서는 불감증으로 발전되기도 한다.

남성도 마찬가지다. 부드러운 것, 사랑받는 것에 대한 기분은 누구나 좋아한다. 여성이 남성을 어루만지고 감싸주면 남성은 한층 성감이 좋아지고 여유와 자신감을 갖게 된다. 이러한 사실을 기본으로 몇 가지 테크닉을 발휘하면 여성과 남성이 함께 오르가슴에 도달할 수 있는 Good Sex가 가능해진다.

60

섹스란 그 행위를 즐기는 사람들이 서로에게 헌신할 때만 훌륭한 결과를 얻을 수 있으며, 그 헌신은 단지 기교나 서비스가 아니라 상대에 대한 애정이며 배려에서 나오는 것이다.

사람은 왜 주로 밤에 즐길까

이혼의 증가는 현대 사회의 빼놓을 수 없는 이슈다. 일 년 동안 새로 탄생하는 부부가 열 쌍이라면 헤어지는 부부는 네 쌍이라는 통계가 새삼스럽다. '죽고 못 사는' 열정으로 결혼에 골인한 부부들이 어째서 열정이 식고 애정이 식어 결국 파탄에 이르는 것일까. 사람의 마음이 한결같지 못하다는 데 근본적인 원인이 있을 것이다.

영국에서 발표된 연구에 의하면 이성 사이에 연정을 느끼게 하는 감정의 메커니즘에도 면역성이 있어서 짧으면 1년, 길면 3년 사이에 처음 느꼈던 연애의 감정은 사라진다고 한다. 연정이 식으면 상대에 대한 열렬한 감정도 사라질 수밖에 없다.

인간의 결혼관계는 감정에 의해서만 맺어진 관계가 아니라 사회적 관계의 하나라는 측면도 있기 때문에, 대부분 쉽게 깨뜨려질 수가 없다. 그러나 현대 사회의 여러 조건과 환경은 애정이 없으면 헤어진다는 결심을 보다 손쉽게 만들어주고 있는 것 같다. 연정이 사라진다는 것은 상대에 대한 이성으로서의 호감과 관심이 사라지는 것을 뜻한다.

좀더 본질적으로는 상호 간에 섹스 상대로서의 매력을 잃는 것이다. 보통 중년에 이르면 부부 간의 섹스란 '가장 재미없는 섹스'를 말하는 것으로 이해될 정도다. 과연 오래된 부부는 섹스에서도 시들해질 수밖에 없을까. 건강한 부부관계, 가족관계를 유지하기 위해 부부의 성에 재충전의 기회를 갖는 것은 매우 중요하다.

부부의 성을 되살리기 위해 가장 먼저 가져야 할 태도는 성에 대한 고정관념을 버리는 일일 것이다. 무엇보다 섹스는 반드시 침대나 요를 펼쳐놓은 '잠자리' 하고만 연관되어야 한다는 생각을 바꿔보자. 이 아름다운 사랑의 거사를 인간처럼 굳이 밤이 되어 잠자리에 들 시간을 기다려서 하는 동물은 거의 없는 것 같다. 생체 기능이 가장 활성화되는 시간을 생각한다면, 인간도 본래는 상쾌한 아침이나 나른한 오후, 혹은 아름다운 노을이 절로 호르몬샘을 자극하는 시간에 관계를 갖는 존재였을지도 모른다.

사람들이 언젠가부터 섹스를 '남세스러운 짓'으로 인식하면서, 또는 해가 있는 동안 대부분의 시간을 오로지 생업을 위해 사용하느라 밤 시간밖에는 휴식을 갖기 어렵게 되면서, 섹스는 자연스럽게 밤의 잠자리와 연관된 작업으로 변한 것이 아니었을까.

사람들에게는 섹스에 대한 고정관념이 의외로 많다. 섹스는 성기의 결합이어야 한다든가, 시간을 오래 끄는 것이 좋다든가, 남자가 사정을 해야 한다와 같은 고전적인 관념들이 대표적이다. 즐거운 섹스를 위해서는 이같은 고정관념으로부터 벗어나는 것이 우선이다. 이런 고정관

넘들을 벗어난다면 부부가 관계를 즐길 수 있는 기회는 대단히 많아진다. 식탁이 신선한 자극을 유지하기 위해서는 다양한 메뉴의 음식을 만들 줄 알아야 하는 것처럼, 성생활 역시 고정된 패턴을 벗어날 때 새로운 자극으로 둘만의 세계를 확장해나갈 수 있을 것이다.

여성도 사정을 한다

여자도 남자처럼 사정을 하는가. 결혼생활이 십수 년에 이른 여성들조차도 이에 대해 확고한 답을 내리지 못하는 경우가 많다. "성관계 시 절정에 이르렀을 때 자신의 내부로부터 무언가 솟구쳐 나오는 기분이 있을 수 있으며, 그 기분 때문에 사정으로 '오해'하는 것."이라고 주장하는 사람들도 적지 않다.

하지만 여성도 오르가슴에 이를 때는 남자처럼 사정을 한다. 여성의 사정을 과학적 사실이 아니라고 생각하는 성인의 비율은 꽤 높은 편이다. 그도 그럴만한 것이, 실제 섹스에서 사정을 경험하는 여성은 30% 정도에 불과하다는 조사도 있다. 경험자들조차도 이것이 뚜렷하게 남성의 경우와 똑같은 '사정'인지를 확신하는 경우는 드물다.

여성들 스스로 이런 생리현상에 무지하며 실제 경험비율이 낮기 때문에 여성이 사정할 수 있다는 사실에 대해 그럴 리가 없다고 말하는 경우가 적지 않다.

간혹 섹스 도중 황홀경에 쏟아져 나오는 분비물의 존재를 인정하는 사람들 사이에서도 해석은 다양하다. 그 액체가 정사에 대비하여 질을 촉촉하게 적시는 애액愛液, Love Juice이 과다히 흘러나온 것뿐이라고 말하는 학자가 있는가 하면, 여성이 흥분한 나머지 요실금 현상을 일으켜 흘러나온 오줌이라고 주장하는 이도 있다. 특히나 이것을 오줌이 새나온 것으로 생각하는 이들은 그러므로 치료가 필요한 게 아닌가 걱정하기도 한다.

최근 들어 해부학적으로 설명할 수 있게 된 여성의 신체구조를 근거로 말하자면 여성에게도 남성처럼 황홀한 순간에 희고 끈끈한 단백질 성분의 액체를 분출하는 기관이 있다.

그 순간에 분출되는 분비물은 남성의 정액처럼 섹스의 황홀감 속에서 분출된 어엿한 '사랑의 결정체'다. 그 순간에 질 속에서 폭발이 일어나는 것은 결코 비정상적인 현상이 아니며, 오히려 섹스가 건강하고 완벽하게 이루어졌다는 증거다.

여성에게만 있는 G점의 비밀

남성들은 관계를 가질 때마다 사정을 통하여 나름의 극치를 맛보지만 여성들은 달랐다. 극치의 쾌감이며 사정은 고사하고 오르가슴의 근처에도 가보지 못한 채 어머니가 되고 할머니가 된 예가 허다하다.

지난 세기까지 남성 중심의 사회는 이러한 현상을 여성의 '생리적 한계'로 못 박고, 아내들에게 성으로부터 더 이상의 즐거움을 기대하지 말 것을 은근히 종용해왔다.

그러나 과학적으로 명백한 사실은, 여성도 남성처럼 성적 엑스터시를 즐길 수 있는 생체구조를 갖고 태어났다는 점이다. 천부적으로 즐거운 성을 영위할 권리를 타고났다는 뜻이다.

여성의 성기 가운데 G점으로 이름 붙여진 이 기관은 최근 10여 년 사이에 와서야 비로소 그 존재와 역할이 분명해졌다. 여성의 질 천장에 위치하면서 성관계가 무르익어 절정에 이를 때, 남성이 정액을 분출하는 것처럼 여성 특유의 액체를 분출한다. 그 타이밍으로 볼 때 당연히 남성의 사정에 해당하는 '폭발'이다.

여성의 질 내부 입구 쪽의 천장 부위, 요도 가까운 치골과 자궁경부의 거의 중간쯤 되는 지점에 문제의 여성 '사정기관'이 존재한다. 이를 의학자들은 'G점Grafenberg Spot'이라 부르는데, 이 기관의 존재를 발견한 의학자의 이름을 붙인 것이다. 크기는 대개 콩알만 하며 모양은 확대해서 본다면 계란형이다.

이 기관이 질을 통해 삽입된 남성의 귀두에 의해 지긋이 압박을 받고 왕복운동에 의해 자극이 고조되면 점점 부풀어올라 급기야는 여성 특유의 분비액을 토해내는 것이다. G점에서 분출되는 액체는 산성 포스파타제 성분이 많아 남성의 정액과 성분이 비슷하다. 단지 G점이 남성의 전립선에 비해 보다 퇴화해온 것으로 보인다.

알고 보면 수많은 여성들의 성에 대한 무덤덤한 반응과 불감증이란 것은 남성들의 소극적이고 무관심한 태도에도 상당한 책임이 있다. 이제 남성들은 여성에게도 남성의 전립선과 같이 절정의 순간을 리드미컬하게 표현할 수 있는 전용의 장기臟器가 있다는 엄연한 과학적 진실 앞에서 겸허해질 필요가 있다.

만일 남성이 사정을 하지 못한 채 성관계를 끝낸다면 쾌감은커녕 욕구불만이 남아 스스로 다른 대책을 강구한다. 그런데 여성의 경우 성교 때마다 질 속 G점 자극에 의한 질 오르가슴을 제대로 느끼는 사람은 드물고, 평생 한 번도 이를 경험하지 못하는 경우도, 놀랍지만 아주 흔하다.

많은 여성들이 질 입구의 클리토리스 자극에 의한 음핵 오르가슴만이 성의 전부로 알고 지낸다. 아내를 사랑하는 남성이라면 진정한 오르가슴의 세계에 아내와 함께 도달하려는 노력을 다해야 한다. G점이 제대로 자극받기 위해서는 질에 충만한 압박을 가하는 것도 도움이 될 수 있다. 여성 상위는 이런 자극을 기대할 수 있는 보다 좋은 체위다.

대머리는 과연 정력이 센가

성인들에게 어떤 유형의 남성 또는 여성이 섹스에 적극적이거나 더 '유능'할까는 흥미로운 관심사다. 많은 주장들이 나와 있지만 어느 것도 객관적으로 입증돼 있지는 않다.

성이야말로 가장 사적私的인 문제고, 객관적인 분석이 가능할 정도의 충분한 사례를 모으는 일부터가 지극히 어렵다. 더구나 누가 '보다 더' 나은가를 질적으로 평가하기 위해서는 여러 유형의 상대를 겪어본 평가단(?)이 있어야 하는데, 이런 일이 현실적으로 가능하기나 할 것인가.

그러므로 여러 개인들이 주관적으로 평가하여 내놓은 주장들을 근거 삼아 이런 유형 저런 유형의 남자나 여자들이 어떤 특성을 갖고 있는가보다 라고 짐작하는 수밖에.

그런데 예전에 일본에서는 다양한 상대를 겪어본 '평가단'으로서 일단의 매춘 여성들을 선정해 설문조사한 일이 있다고 한다. 여기에서 여러 유형의 남성들에 대한 성적 특성이, 지엽적이나마, 몇 가지 드러났다.

설문에는 어떤 종류의 남성이 섹스에 가장 적극적인가라는 문항이 있었는데, 보통 사람들의 편견을 뛰어넘는 다양한 답변들이 나왔다. 목소리가 굵은 남성들보다는 높은음으로 가늘게 나는 남성, 가슴에 털이 소복한 야성미 넘치는 남성보다는 팔다리마저도 매끈한 체모가 적은 남성들이 더 적극적이라는 등의 내용이었다. 이같은 특성을 이론적으로 설명하려면 역시 호르몬의 차이를 먼저 생각할 수 있다.

우리 속설에도 "대머리는 정력이 세다."라는 말이 있는데, 대머리는 남성 호르몬이 과다하여 나타나는 작용이다. 남성 호르몬은 성욕을 강하게 하고, 이러한 욕구의 작용이 보다 공격적인 태도를 갖게 하기 때문에 여성들에게는 이들이 성적으로 더 적극적이라는 느낌을 줄 수 있을 것이다. 물론 모든 여성들이 똑같은 느낌을 받는 것은 아닐 터이지만.

전립선 치료제의 일종인 피나스테리드란 성분은 남성 호르몬의 작용을 억제하는 효능을 갖고 있다. 이 작용을 통해 남성 호르몬의 작용으로 생기는 탈모증을 치료하기도 하고 전립선 비대를 치료하기도 한다. 탈모증이나 전립선비대증이 모두 남성 호르몬의 작용과 관계있기 때문이다. 전립선 치료제에는 피나스테리드 성분이 고단위로 사용되고, 탈모 치료제에는 저단위로 함유된다.

탈모가 남성 호르몬과 관계있다는 것은 전립선 비대의 발병 가능성이 높다는 것과 연관된다. 전립선 비대는 40대 중반이면 심심찮게 나타나기 시작해서 50~60대를 지나는 동안 급증한다. 이 시기는 남녀 모두에게서 여성 호르몬이 줄어들어 상대적으로 남성 호르몬의 작용이 왕성해지기 때문이다. 60대 이후에는 절반 이상의 남성이 전립선비대증을 나타낸다. 대머리 역시 젊은 사람보다는 중년 이후의 남성에게서 많이 나타나는 점도 우연은 아니다.

뜯어고쳐야 할 성생활 고정관념 9가지

섹스는 즐거운 운동이다. 처음 그것을 시작하는 부부는 몇 박 며칠 밤을 새우라 해도 지겨워하지 않는다. 그러나 만약 "섹스는 이래야 한다."라는 고정관념이 형성되어 있다면, 그 즐거움도 조만간 한계에 부딪치고 말 것이다. 반드시 정해진 시간에, 똑같은 형식으로, 똑같은 시간만큼 즐기도록 강제한다면 성은 즐거운 유희나 휴식이 아니라 고된 노동이 될 것이다. 급기야 '의무방어전'이 되고 몸은 그 의무에 저항하며 발기력 감퇴나 불감증과 같은 결과로 이어질 수 있다.

성을 항시 즐거운 것으로 유지하기 위해서는 적당한 변화가 필요하다. 그 변화의 출발은 고정관념을 버리는 것이다. 나는 성에 대하여 얼마나 고정관념에 빠져 있는 것일까. 전문가들이 모아놓은 몇 가지 자기 점검 리스트를 통해 자신의 고정관념을 체크해보자.

1. 성생활은 남자가 리드해야 자연스럽다.
   - 여자가 남자를 즐겁게 해주려고 시도해도 괜찮다.
2. 섹스는 소리와 무관하다 신음소리 등.
   - 청각으로 느끼는 쾌감은 피부 촉각만으로 느끼는 쾌감 보다 몇 배로 즐겁다.
3. 오르가슴은 반드시 동시에 도달해야 성공적인 섹스다.
   - 되도록 같이 오르는 게 좋겠지만, 등산하는 데 반드시 보조를 맞춰야만 훌륭한 건 아니다. 때로는 컨디션 따라 먼저 오르고 뒤에 오르는 유연성도 필요하다.
4. 여자가 먼저 섹스를 제안하면 흥미가 반감된다.

－ 언제 적 얘기인가. 유혹하는 아내처럼 섹시한 아내는
없다.

5. 부부의 경우 남편이 제안하면 반드시 응하는 게 옳다.
　　－ 아내는 성의 노예가 아니다. 동반자로 대접할 줄 알아야
　　한다.

6. 남자가 오래 버틸수록 훌륭한 섹스다.
　　－ 섹스는 성대결이 아니다. 바쁠 때라도 잠깐 놀아주는
　　'반짝 섹스'도 훌륭하다.

7. 섹스 도중 야한 농담을 주고받는 것은 섹스를 천박하게 만든다.
　　－ EDPS 알아뒀다 언제 쓰나. 잠자리에서의 진한 농담은
　　쾌감을 높여준다.

8. 섹스는 멋있게 할수록 좋다.
　　－ 약간 지저분한(?) 성희가 더 즐거울 수도 있다.

9. 반드시 '전희－삽입－후희'의 순서를 밟아야 정상이다.
　　－ 융통성 없는 사람은 섹스에서도 빵점이다.

아마도 이 리스트가 훌륭한 섹스를 위해서 버려야 할 고정관념이라
는 것은 눈치채기가 어렵지 않겠지만, 대다수는 자신의 생각이 이 리
스트의 많은 항목에 해당하고 있다는 사실을 부정할 수 없을 것이다.
섹스의 즐거움을 아직 잘 느껴보지 못한 사람이라면, 서로의 몸을 알
만큼 알아 섹스가 식상해졌다면, 지금까지의 고정관념을 버리고 이
제부터 사랑의 식탁에 변화를 줘보자.

성을
해방하라

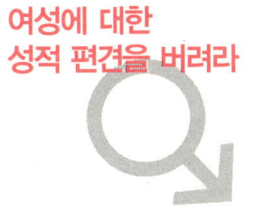

**여성에 대한
성적 편견을 버려라**

"성에 대한 이야기는 넘쳐나지만 과학적인 지식에 대한 공포는 지금도 여전하다. '성은 차라리 모르는 게 낫다.'는 생각이 아직도 지배적이다." 존 밴크로프트 킨제이연구소장

60년대에 피임약이 나온 이후 여성들에게도 출산과 관계없이 섹스를 즐길 수 있는 시대가 펼쳐졌다. 세기말을 지나오면서 성적 담론의 분위기가 형성된 덕분에 '성은 자연스럽고 건강한 삶의 일부'라는 인식도 어느 정도의 공감대를 형성하게 됐다. 하지만 성과 관련된 주제에 대해 올바르고도 충분한 지식을 갖고 있는 사람들은 그리 많지 않은 것이 현실이다.

한방 부부성장애클리닉을 운영하면서 뿌리 깊게 남아 있는 성에 대한 편견과 무지에 비애감을 느낀 일도 한두 번이 아니다. 특히 여성들의 성적 편견은 아직도 우리가 '조선시대'에 살고 있는 것 같은 느낌이 들 정도다. 얼마 전 어떤 모임에서 "여성들의 자위행위에 대해 어떻게 생각하느냐."고 물었더니 대부분의 남성들이 "불결하고 천박하다."는 입장을 보이는 것을 보고 깜짝 놀랐다. 하지만 자위행위는 어떤 대상에 성적 반응을 보이는지 알려주는 가장 확실한 방법 중 하나이자 적극적인 성생활을 위해 거쳐야 하는 첫 단계이다.

자신을 흥분시키는 방법을 스스로 알지 못하고 어떻게 파트너에게 모든 것을 맡겨둘 수 있는가. 무조건 맡겨둔다고 해서 파트너가 척척 알아서 해주던가.

2차 세계대전 직후 미국인들의 성 사회의식을 조사 발표했던 킨제이는 일찍부터 자위행위를 경험한 사람일수록 그러지 않은 사람들에 비해 더 왕성하고 더 오랫동안 성생활을 영위한다는 사실을 밝혀냈다. 우리가 맛있는 식사를 하면서 상대 여성에게 "이것은 남자만 먹는 음식이니 먹지 말라."고 한다면 얼마나 우스운 일인가. 개인의 체질에 따라 몸에 맞는 음식, 몸에 해로운 음식은 있겠지만, 여성이냐 남성이냐를 구별해 가려야 할 음식은 없다.

인간의 가장 원초적이며 본능적 욕망인 성이라는 주제에 대해 우리나라 사람들은 비교적 많은 편견을 갖고 있는 편이다. '여성의 자위'에 대해서는 남성은 물론 여성들 스스로도 꺼림칙하게 여기는 경우가 적지 않다. 사실 자위행위는 자신의 몸을 익히고 나의 반응점을 파악해 좀더 큰 오르가슴을 찾아갈 수 있는 지름길이다.

**성생활이
시들해지면**

보통의 부부들은 일상에서 얼마나 성생활을 잘 소화하고 있을까. 대개 "보통 수준은 한다." 라고 생각하고 있는 것 같지만, 만족도 면에서 보통은 된다고 말할 수 있는 사람의 수는 그리 많지 않은 것 같다.

국제적 통계를 보면 일단 횟수 면에서 아주 많이 한다고 알려진 서구인들의 연간 횟수는 100회 정도에 머물고 있고, 이런 방면에서는 소극적인 아시아인들의 경우 40~50회를 밑돌고 있다. 인도나 일본이 대표적인데, 인도의 경우 사회적인 보수성이나 종교적 관습 등이 그 원인이라 이해할 수 있지만 섹스산업이 넘쳐나는 듯이 보이는 일본이 그렇다는 것은 좀 의외다. 한국인을 대상으로 하는 통계는 별로 없지만, 아마도 일본의 경우와 크게 다르지는 않을 것이다. 인종이나 국민적 특성은 그렇다 치고, 개별적으로 부부만을 놓고 보았을 때, 성생활의 빈도는 대개 젊은 시절보다 나이가 들어갈수록 줄어드는 것이 통례라 할 수 있다. 그것은 체력과도 관계가 있을 것이고, 특히 오래 같이 지내면서 서로에 대한 육체적 끌림이 약화되는 현상과도 무관치 않다.

유럽 학자들의 분석에 의하면, 성적 대상에 대한 호감은 특정한 호르몬과 연관이 돼 있으며 공교롭게도 인체는 특정 대상에 대한 호감에서도 면역성과 같은 현상을 나타낸다고 한다. 좋아하는 대상이라도 그 기간이 길어지면 서서히 호감을 일으키는 호르몬에 대한 면역이 생기면서 호감도가 떨어지게 된다는 것이다. 그 기간은 대개 석 달에서 일 년 정도로 알려져 있다. 이 이론에 의하면 부부가 몇 년을 함께 살면서 성생활이 시들해지는 것은 생리적으로 아주 자연스런 현상이다. 이론적 관점에서 말하자면, 지금과 같은 부부제도가 앞으로도 견고히 지켜지기 위해서는 호감에 대한 면역을 극복할 수 있는 새로운 방법이 고안되지 않으면 안 될 것이다.

그 방법에는 여러 가지가 있겠지만, 상대에 대한 새로운 인식이 심리적 동기를 위해 중요하고, 성생활을 새로운 방법으로 시도할 수 있는 신체적 훈련도 필요하다. 이를 위해서는 체력과 기력이 뒷받침되어야 하는데, 바로 여기에서 한의학은 효과적인 도움을 줄 수 있다. 만일 결혼생활이 오래되어 성이 시들해지고, 그것이 부부 간에 알게 모르게 벽을 쌓아가는 원인이 되고 있다고 인식한다면 주저하지 말고 전문가의 상담을 받아볼 필요가 있다.

부부의 성 혁명을 위한 제안

지금까지 알 만큼 알고 질릴 만큼 질려 서로에게 흥미를 느낄 수 없는 아내, 또는 남편. 그렇다고 물물교환센터에 보내고 새 파트너를 구할 것인가. 현실적으로 불가능한 꿈을 꾸기보다는 실현 가능한 '재활용 전략'을 모색해보자. 맨 처음 그녀, 또는 그를 찾아 나선 동기가 무엇이었던가. 그렇다. 외로움이다.

섹스도 대화도 끝난 부부는 서로가 외로운 존재다. 외로운 사람끼리 제2의 인생을 시작해보자는 것. 이것이 바로 '부부 성 혁명' 제안의 결연한 취지다. 어떻게 시작할까. 이제 자신의 파트너를 새로운 눈으로 바라보자. 나 스스로도 파트너에게 낯선 존재가 되도록 노력해보자. 낯선 이성異性. 그것도 외로움에 지쳐 누군가를 기다리는 이성이라니……. 서로 관심을 가져볼 만하지 않은가.

혁신 1단계_ 남남처럼 낯선 기분으로

남의 밥에 놓인 콩이 더 맛있어 보인다던가. 훔쳐 먹는 사과가 맛있다던가. 부부 성생활을 확 바꾸기 위한 전략 1단계. '남남처럼' 즐겨보자. 멀쩡하게 십수 년을 같이 살던 사람이 어떻게 하루아침에 남이 될 수 있을까. 하지만 '님'이라는 글자에 점 하나만 찍으면 '남'이라는 노랫말도 있지 않던가.

성 테라피스트가 등장하는 어느 코미디 영화 얘기다. 남편과의 관계에서 전혀 쾌감을 느끼지 못한다는 젊은 여인이 불쑥 상담가의 집으로 찾아가 불감증을 치료해달라고 요구한다. 당장이라도 '실전'을 통해 자신의 불감증을 고쳐달라고 육탄공세를 펴는 여인 때문에 난

감해하는 사이, 마침 그녀의 남편이 찾아온다. 당황한 상담가는 여인을 캄캄한 치료실에 감춰놓고 남편과 상담을 하다가 그에게도 테라피가 필요함을 느낀다. 상담가는 두 사람에게 각각 '남남 간의 성관계'를 가져볼 것을 제안한다. 절대로 상대가 누구인지 알려고 하지 않는다는 조건 아래 캄캄한 방 안에서 펼쳐지는 향연. 남편은 '미지의 여인'과, 아내는 '외간 남자'와 즐기는 섹스는 매우 열정적이고 짜릿하다. 각각 다른 상담실로 안내된 뒤, 금방 가졌던 섹스의 희열에 들뜬 남편과 아내. 그들에게 지속적으로 즐길 수 있는 기회를 주겠다며 상담가는 두 사람을 대면시킨다. 상대가 자기 아내, 자기 남편임을 발견하고 충격을 받는 두 사람.

대개의 부부란 서로 잘 모르던 시절 서로에 대한 호기심과 호감을 갖고 만난 사이이며, 열렬히 서로를 탐닉했던 연애의 경험도 갖고 있다. 좋았던 시절의 감정만 되살린다면 얼마든지 사랑의 불꽃을 다시 피워 올릴 잠재력을 갖고 있다. 다시 한 번 부부가 되기 전의 가슴 두근거리던 남남 사이로 돌아가보는 것도 좋은 방법일 것이다.

10년 넘게 함께 살아 이제는 지루해진 마누라─영감쟁이가 아니라, 그 속이 어떤지 몰라 가슴 설레고 긴장되는, 은밀한 연인과의 밀회. 이제까지의 내가 아니라 낯선 이성을 유혹하는 섹시남, 섹시녀가 되어 멋진 하루의 '일탈'을 즐겨보자. 만일 그녀와 그에게서 이제까지 몰랐던 새로운 매력을 재발견하게 된다면 이제부터 그녀또는 그와의 부부생활은 당분간 긴장감 넘치는 밀회의 날들이 될 것이다. 또 다른 '개혁'이 필요해질 때까지 최소한 몇 년은 즐거울 수 있지 않을까.

혁신 2단계_ 내가 지루하면 그도 지루하다

새로운 성생활 전략 2단계는 바꿔 생각하기. 남편 또는 아내가 지루한 상대가 되었다면, 나 역시 그에게 지루한 상대라는 것을 인정하기로 하자. 그렇게 된 원인은 크게 두 가지다. 하나는 먹고사는 일에 너무 푹 빠져서 더 이상 매력적인 모습을 보이지 못한다는 것이고, 둘째는 한가족으로 너무 익숙해져서 서로 참신한 모습을 보이지 못한다는 것이다.

사실 좋아서 결혼한 부부들도 몇 년 못 가 남남처럼 데면데면한 사이로 바뀌는 이유 중 가장 큰 한 가지는 역시 생활고였을 것이다. 무엇하나 넉넉하지 않는 신혼살림에 남들처럼 멋지게 살아야겠다는 욕심에, 안 쓰고 안 먹고 안 입으며 악착같이 저축하고 살아온 것은 성실한 생활인이라면 당연한 모습이다. 문제는 오랫동안 악착을 부리느라 서로에게 로맨스라고는 눈 씻고 찾아볼래도 찾아볼 수 없는 욕심쟁이 스크루지 같은 모습만 보여왔다는 점이다.

설사 경제적인 어려움이 없었다고 하더라도 사회생활에 적응하랴 아기 낳아 기르랴, 부부관계에 집중할 여력이 없기는 마찬가지. 나중에는 현실에 적응도 되고 가계가 좀 넉넉해져도 이미 서로에게 이성으로서의 관심은 시들해진 뒤일 것이다. 좀 색다른 인생을 살아보려고 마음을 먹더라도, 자기 배우자에게는 애당초 로맨틱한 기질 같은 건 없었을 거라고 지레 단정하기 쉽다. 게다가 10여 년 한집에서 한솥밥 먹으며 살다 보면 서로가 너무 친숙해지고, 그래서 더 이상의 설렘이나 기대가 없으니 섹스란 건 아무 흥미도 없다.

하지만 이제쯤 인생이 지루해지는 건 피차 마찬가지라는 사실을 잊지 말자. 너무나 친숙하므로 서로에게 당연히 흥미가 없다는 것 또한 관념의 함정일 뿐이다. 열 길 물속보다 깊어 속을 알 수 없는 존재가 바로 사람이라 하지 않던가. 그녀 혹은 그를 지루할 만큼 다 알고 있는 것 같아도 사실 내가 아는 것은 그녀의 절반도 되지 않는다. 그녀 혹은 그는 결코 한핏줄을 나눈 가족이 아니며 영원히 가슴 두근거리며 만나야 할 타인이자 연인일 뿐이다. 다만 너무 오래 같이 지내서 참신성이 떨어진 것뿐이지. 그를 참신한 눈으로 들여다볼 뿐 아니라 그에게도 참신해질 기회를 주도록 해보자.

혁신 3단계_ 옷부터 바꿔 입어라

분위기를 확 바꾸는 데는 우선 때 빼고 광내는 일이 시작이다. 아직 남남이던 시절 데이트를 나설 때처럼 머리 모양부터 속옷, 겉옷까지 상대에게 최대한 잘 보이려고 했던 노력을 재현해보자. 부부의 행복을 되찾기 위하여 하루저녁쯤 과소비 좀 하면 어떤가. 멋진 음식점에서 맛난 음식도 먹고 약간 비싼 포도주도 한잔 마시고 약간 야한 영화도 함께 보면서, 낯선 호텔에서 좀 색다른 섹스를 나눠보는 것도 좋을 것이다.

이런 모험에 나서기 전에 할 일은 우선 집에서부터 색다른 모습을 연출하는 것이다. 일터에서 퇴근해 돌아올 때마다 10년을 하루같이 똑같은 모습으로 들어서는 아내 또는 남편. 하루도 다르지 않은 모습으로 맞이하는 남편 또는 아내. 지루할 만도 하다. 가장 손쉬운 변신은 매일 입던 옷부터 바꿔 입어보는 것이다. 날마다 헐렁한 통바지 하나 입고 남편을 맞는 아내에게 남편이 질리지 않는다면 그건 거짓말이다. 입장이 바뀌어도 마찬가지겠지만.

어느 하루쯤은 갑자기 분위기를 바꿔놓고 아내남편를 맞이해보자. 생일이나 결혼기념일을 빙자하여 샴페인이나 와인을 준비해두어도 좋다. 집 안을 깨끗이 정돈해놓고 은은한 조명을 밝혀둔다면 금상첨화일 것이다. 물론 갑작스런 변신에 거부감을 일으킬까 걱정된다면 '인생을 새롭게 사는 일에 대하여' 한번쯤 대화의 시간을 미리 갖는 것도 좋겠다. 약간의 예고편을 띄운 뒤라면 충격은 좀 덜하지 않을까.

혁신 4단계_ 색다른 대화, 색다른 체위

이제 부부혁명 프로젝트는 본론에 접어든다. 4단계. 침실의 반란. 그동안 지나치게 점잖은 부부로 살았다면 이제 그 벽을 허물 차례다. "내 친구 아무개 부부는……."과 같은 말로 분위기를 먼저 띄우는 방법이 먹힐 수도 있을 것이다. 간혹 10년 20년을 같이 살았어도 아직 남편이나 아내의 몸 한번 제대로 살펴보지 못했다는 부부가 의외로 많다. 부부란 서로 알몸을 마음 놓고 바라보고 만져볼 수 있는 '유일한 특권'을 가진 파트너가 아니던가. 이제 파트너십의 권리를 바로 세울 때다. 아내가 제안해도 좋고 남편이 제안해도 좋다. 부부평등 시대니까.

감성적인 접근이 유리한 상대라면 침실의 분위기를 바꾸고 조명을 바꾼 뒤 달콤한 와인 한 잔과 함께 로맨틱한 비디오를 틀어놓고 시작해도 좋을 것이다. 그러나 간혹 감성적인 접근보다는 논리적 접근을 좋아하는 상대도 있다. 그렇다면 토론부터 시작해도 되지 않을까. 이를테면, '부부는 왜 반드시 정상위로 해야만 하는가.'라든가, '여성의 하이힐과 성감의 상관관계', '성생활과 중년의 건강' 같은 주제도 가능할 것이다. 새로 발간된 고품격 포르노그래피의 독후감을 늘어놓으면서 분위기를 잡아나가면 좀더 효과적이지 않을까.

하지만 결혼생활 10여 년에 이렇게까지 서먹한 부부는 그리 많지 않을 것이다. 함께 목욕을 하며 서로의 몸을 씻어주는 방법도 좋고, 야한 농담과 야한 비디오 등을 이용해 분위기를 만들어보는 것도 좋다. 부부의 밤을 로맨틱한 분위기로 이끌어줄 수 있는 모든 소도구를 동원해보도록 하자.

바야흐로 분위기가 무르익어 관계를 시작할 시간. 여기서도 중요한 것은 지금까지 해온 방법만 고수하지는 말라는 것이다. 동서고금의 고전에 등장하는 다양한 체위들을 미리 연구하여 실전에 써먹어보는 것이 필수다. 위아래, 앞으로 뒤로 옆으로, 위치를 다양하게 바꿔서 시도해본다면 '프로'들만의 전유물로 여겨지던 고난이도 체위들이 누구에게나 실연 가능하다는 것을 곧 깨닫게 될 것이다.

혁신 5단계_ 몸을 아끼지 말라

침실의 반란을 영구한 승리로 확정짓기 위하여 사용할 수 있는 다양한 무기들을 알아보자. 전투란 끓어오르는 열정과 의지만으로 이길 수 있는 것이 아니다.

첫째는 체력이다. 섹스란 장거리와 단거리 주파 능력이 동시에 필요하다. 지구력과 돌파력을 기르기 위한 유산소운동은 기본. 가능하다면 팔과 다리에 힘을 기를 수 있는 근육훈련도 병행한다. 물론 체력이 강하다고 모두 고수가 되는 것은 아니다. 이러한 체력 조건을 정력으로 발현할 수 있는 훈련이 필요하다. 본 책에 등장하는 남성 단련법 등을 참고하라.

둘째는 기교. 변화가 있는 체위, 조화로운 강약과 완급의 구사가 기본이다. 『소녀경』과 같은 고전에 등장하는 기술들을 알아두고 자기 체격이나 체력 조건에 맞는 기술들을 훈련해둔다.

셋째는 애정. 사람의 몸은 자기 마음의 생각을 따른다는 것을 염두에 두어야 한다. 애정 없이 억지로 갖는 섹스는 흥미도 떨어질 뿐 아니라 체력의 낭비도 심하다. 반면 애정이 우러나는 섹스는 몸을 더욱 강하게 만들 수 있다. 배우자를 향하여 너그러운 마음, 애틋한 사랑 등이 우러날 때 더욱 좋은 섹스를 완성해갈 수 있다. 좀더 많은 대화와 양보, 인내, 배려심 등이 앞선다면 부부혁명은 좀더 순탄하게 완성되어갈 것이다.

넷째, 야한 농담들과 야한 상상들. 돌아다니는 EDPS들을 수시로 수집해서 기억했다가 침실에서 사용해보자. 비아그라 이상의 효과가 있다. 기억력을 믿을 수 없다면 야한 농담들을 듣는 족족 수첩에 메모해두었다가 펼쳐놓고 같이 읽어도 좋다. 읽으면서 두 사람만의 야한 상상을 더한다면 내용은 더욱 풍성해질 것이다.

'강한 남성 콤플렉스'
넘어서기

대물의 우상

어떤 엄마에게 고민이 있었다. 어린 아들 녀석이 학교 갈 나이가 다 되었는데도 그것이 제대로 영글지 않아 걱정이 되었던 것이다. 하여!!! 엄마는 용기를 내어 아들을 데리고 병원엘 갔다. "우리 집안의 가보 일호가 부실하여 앞으로 사내구실 제대로 할까 심히 두렵습니다. 무슨 조치를 해주시옵기를."

의사선생님이 껄껄 웃었다. "아직 열 살도 안 되었는데, 뭘 그리 성급히 심려하십니까. 사람마다 성장 속도에 차이가 있는 것이니, 걱정 안 하셔도 됩니다."

그러나 아이의 바지 속을 들여다보던 의사선생님도 기가 막혔는지 웃음을 그치고 말했다. "으음, 부인. 과연 걱정이 되시겠습니다."

의사선생님은 심각하게 책을 뒤적거리더니 비방을 알려주었다. "부인, 오늘부터 아이에게 하루 하나씩 바나나를 먹이도록 하세요. 한 달만 지나도 효과가 나타나기 시작할 겁니다."

엄마는 집으로 돌아가는 길에 마트에 들러 바나나를 샀다. 아이가 한마디 했지. "엄마, 무슨 바나나를 한꺼번에 그렇게 많이 사? 내가 그걸 어떻게 다 먹으라고?"

그러자 엄마가 차갑게 웃었다지. "걱정 말아, 온석아. 니껀 다섯 개구, 나머지 오십 개는 니 아빠 먹일 거니깐."

우리나라 사람들이 유난히 많이 받는 '비보험' 수술이 바로 눈꺼풀 수술과 '남성 확대' 수술이라고 한다. 전 세계 남성들의 평균과 비교할 때 한국 남성의 크기가 상대적으로 '작은 편'일 거란 점은 그리 의문의 여지가 없지만 몇 가지 비공식 통계에서 사실로 확인되고 있다. 그렇다고 해서 이렇게까지 '확대'에 목매달 필요가 있을까 지극히 의문이다. 그 민족 공통의 '평균 크기'라는 것은, 유구한 역사를 통해 전해온 그 민족 특유의 문화와 환경 속에서 그 정도면 되겠다 싶으니까 자연스럽게 확립되어온, 이를테면 '자연이 선택한' 크기가 아니겠는가.

그 방면의 고수들에 따르면 남성과 여성이 함께 누리는 희열이란, 돌연변이가 아닌 한 크기와는 그리 큰 관계가 없다고 한다. "덩치 큰 게 미련만 떠는 것 보다는……." 여성 고수, "동굴 안이 넉넉해서 편안하면 오래 놀기가 좋아." 남성 고수 등등의 증언은 고수들 세계에서 흔히 들을 수 있는 얘기다.

 "남성은 클수록 좋고 여성은 작을수록 좋다."는 식의 '크기에 대한 잘못된 미신'은 사실 인류 공통의 오해였는지 모른다. 그 기원은 인도의 성전性典 『카마수트라』에서부터 찾을 수가 있으니까. 『카마수트라』에는 크기에 관해 특별한 '세트별 행법行法'이 자상하게도 소개되어 있다. 그 설명에 따르면 남성과 여성의 그것은 사이즈에 따라 각각 코끼리―사슴―토끼의 그것에 비유할 수 있는데, 바로 거기에 '큰 남성과 작은 여성의 조합', 이를테면 '코끼리 남성과 토끼 여성' 같은 조합을 이상적인 세팅이라고 운운하고 있는 것이다.

 다시 현대 고수들의 얘길 들어보면 『카마수트라』의 주장은 오히려 터무니없다. "그렇게 차이가 나면 여자가 아파요." "여자가 쉽게 방광염에 걸려요." 심지어 여자가 너무 아팠던 나머지 초야 이후 거의 한 번도 삽입을 허용치 않고 무자식 상팔자로 살아간다는 커플도 있다.

 세기의 현인 아리스토텔레스의 백과사전에는 "쥐는 소금만 먹어도 임신을 할 수 있다. 먼지를 오래 두면 저절로 벌레가 생긴다."와 같은 그 시대 수준의 비과학적 서술들이 많이 나온다고 하지 않던가. 고대인의 지식이 현대인의 새로운 깨달음과 자각에 의해 수정되는 것은 결코 선지식들에 대한 불경不敬이 아니라 현대 지성에게 요구되는 지극히 당연한 의무다. 크기? 그까이꺼, 기술이나 정신적 교감의 개발에 관심 갖고 싶지 않은 게으름뱅이들이 내세우는 낡은 환상일 뿐이다.

**남자, 알고 보면
'억압받은' 성**

남자는 강한 존재라는 생각은 우리네 의식에 은연히 박혀 있다. 우리네 언어습관 가운데는 남성을 강조하다 못해 상대편인 여성을 비하하기까지 하는 말들도 흔하게 남아 있다.

그러나 이런 의식은 지나온 역사 가운데서 생겨난 한시적 이데올로기에 지나지 않는다. 여성이 사회의 중심이 되던 모계시대 같으면 상상도 못할 일이다. 동양사상을 근거로 보더라도 음양의 개념은 서로가 서로를 필요로 하는 상대적이며 보완적인 관계일 뿐, 어느 한쪽이 상대편을 지배하거나 갈등하는 적대관계가 결코 아니다.

그러나 인간은 오랫동안 남성 우월주의 의식을 근거로 여성을 억압해왔다. 가련한 것은 정작 남성 스스로도 이 우스꽝스런 이데올로기의 피해자라는 사실이다. 시대가 바뀌어 여성들이 남성과 대등한 권리를 찾게 되었지만, 남성들의 가련한(?) 수난은 계속되고 있다. 여성이 제 권리를 찾는 노력을 기울여온 데 반해 남성들은 여전히 "남자다워야 한다."는 몽상에서 깨어나지 못하고 있기 때문이다.

신체구조상으로는 남성과 여성이 어떻게 다를까. 자식들에게 가문과 이름과 전 재산을 물려주는 남성들에게는 유감스러운 얘기지만 현대 과학이 밝혀낸 바에 따르면 우리의 2세들은 부계가 아닌 모계의 유전자 특성을 대대로 물려가고 있다고 한다.

남자와 여자를 가르는 결정적 상징인 생식기 속에도 남성은 퇴화된 여성의 흔적을 몸에 지니고 있다. 가장 흥미로운 것이 전립선 가운데 있는 정구精丘라는 곳인데 이것은 구조나 위치상 여성의 자궁에 비견되는 곳이어서 '남성 자궁'이라 불린다.

난소로부터 생성된 난자가 여성의 자궁에서 수정을 기다리듯 남성 자궁은 막 사정하려는 정액이 혼합되어 대기하는 곳이다. 남성이 성적 자극을 받으면 고환과 정낭으로부터 배출된 정자와 정낭액은 사정관을 통해 남성 자궁으로 흘러 들어오고, 전립선 자체에서 생성된 전립선액과 합쳐 정액이 된다.

홍분이 절정에 이르면 전립선은 강하게 수축되고 괄약근 바깥쪽이 순간적으로 문을 열면서 정액은 폭발하듯 요도구 밖으로 솟구쳐 나간다. 이것이 사정이다. 이 순간만은 어떤 여성도 남성이 남성다우려는 것을 싫어하지 않을 것이다. 가장 적절한 순간에 강력하게 사출할 수 있는 전립선의 능력은 남성의 생식능력과 직결되며, 성생활의 즐거움을 높이는 데에도 직접적인 영향이 있다.

인간답게 오래 살기

인간의 수명은 20세기 동안 비약적으로 늘어났다. 평균 40~50대를 넘기지 못하던 인류의 수명은 한 세기 만에 거의 대부분 지역에서 70세를 넘어설 만큼 늘어났다. 의식주의 빈곤이 해결되고 의학이 발달한 것이 가장 큰 요인으로 꼽힌다. 한국도 예외가 아니다.

그런데 이처럼 수명이 길어지면서 각 사회는 '노인문제'라는 새로운 문제를 과제로 안게 되었다. 모든 일에 양면적 현상이 따르는 법이지만, 오래 사는 것을 큰 목표로 삼아온 인간에게 오래 사는 것으로 인하여 생긴 문제라는 것은 사소한 일이 아니다. 현대 과학이 맹목적인 진전에서 벗어나 인간의 '삶의 질'이라는 본래의 목적에 관심을 두는 것과 마찬가지로, '장수만세'를 외쳐온 의학 역시 이제는 '인간답게 사는 노년'의 문제를 숙제로 삼지 않을 수 없다.

인간 수명을 연구하는 학자들의 몇 년 전 조사에 따르면, 유럽이나 일본의 장수노인들은 백 세 넘게 장수하는 것을 스스로 즐거워하고 자손이나 이웃에게도 축하할 일이 되고 있는 반면, 한국의 장수노인들은 오래 사는 것을 오히려 미안해하는 경우가 많다고 한다. 그 차이는 바로 노년까지도 '인간다운 삶'을 살고 있느냐 여부에 달려 있다고 생각된다.

'인간다운 삶'의 조건은 무엇일까. 의식주의 해결과 스스로에 대한 자부심, 즉 자존감을 들 수 있다. 그러나 그 이전에 무엇보다 건강이 보장되어야 할 것이다. 바로 건강한 노년이 필요한 것이다. 건강한 노년을 한마디로 요약하자면 '깔끔한 남성, 건강한 남성'을 유지하는 노년이라 할 수 있다. 이 상쾌함을 잃지 않는 '건강하게 오래 살기'야말로 맹목적인 수명 연장보다 진정 추구해야 할 현대인의 목표이며 의학의 과제라 할 것이다.

건강한 노년을 위해 중요한 것은 건강한 섭생과 운동, 맑은 물과 맑은 공기를 마실 수 있는 환경, 나이 들어서도 자신의 일 혹은 취미생활을 계속하는 것이다. 그 위에 더하여 건강한 성생활이 있다. 반드시 성교를 계속해야 한다는 것만을 의미하지는 않는다. 등이라도 서로 긁어주며 마음을 주고받을 수 있는 평생의 반려자는 정신의 건강을 보장하고, 한 달에 한두 번이라도 성관계를 유지하는 것은 생명의 힘을 보장한다.

PART 3

건강과 **행복**으로 가는 **성생활**

행복한 침실을 만드는
섹스 레시피

**성생활 스타일을
바꿔보자**

사람의 개성이란 실로 다양하다. 사람들은 이 다양한 개성들을 몇 가지 유형으로 분류해보려는 시도를 끊임없이 해왔다. 혈액형을 따라, 별자리를 따라, 혈통적 특성을 따라, 체질을 따라, 직접 설문이나 심리학적인 분석에 따라 등등 다양한 기준들이 성격을 분류하는 방법론으로 제시돼왔다.

물론 타당성이 낮은 분류법들은 자연히 도태돼서 사라지곤 했지만 오랜 세월 전해오는 분류법들은 나름으로 대중적인 공감을 얻은 것이라 할 수 있다. 음양오행 이론에 따라 태어난 날의 기운을 분석함으로써 개인의 성격을 파악하는 사주이론 또한 수천 년 검증을 거쳐 살아남은 이론이다.

사람의 성격에 대한 다양한 분류법들은 심리학에서는 물론, 일반 기업의 마케팅기법에도 활용되곤 한다. 일반인들도 재미삼아 알아두면 때때로 적절히 활용할 기회가 생긴다. 예를 들어 혈액형이 O형인 사람을 대할 때는 솔직담백한 것이 효과적인 데 비해 A형을 대할 때는 정서적인 접근법이 효과적이고, AB형을 대할 때는 논리적인 화법을 구사하는 것이 효과적이다.

각 개인의 특성을 파악하는 것 못지않게 중요한 것은 이러한 특성들끼리 만났을 때 나타나는 친화성 여부다. 사주학에서는 흔히 배우자가 되려는 남자와 여자의 사주를 서로 대비하여 어떤 조화가 이루어지는가를 판단하는데 이것이 바로 궁합이다. 사실 궁합은 가시버시가 되려는 사람 사이만이 아니라 일반적인 사업관계나 교우관계, 직무상의 파트너십을 예측하는 데도 유용한 분석법이 될 수 있다.

사주뿐 아니라 다른 분류이론에서도 사람과 사람 사이의 융합 가능성에 대한 예측은 자주 시도됐다. 어떤 혈액형과 어떤 혈액형이 어울리면 쉽게 좋은 조합이 되는가, 어떤 별자리와 어떤 별자리의 남녀가 보다 잘 어울리는가 등등.

전해오는 지식들에 따르면, 성적인 결합에서도 일정 유형의 사람들 사이에서는 특정한 현상이 발생한다는 분석들이 가능한 것으로 돼 있다. 어떤 유형과 어떤 유형이 만나면 강하지만 서두르는 결합이 되고, 어떤 유형 사이는 적극적인 나머지 변태적인 관계가 되기 쉬우며, 어떤 유형끼리는 관계가 느릿하게 발전되며, 어떤 유형 사이에서는 즉흥적인 결합이 이뤄진다는 등. 여러 가지 유형의 분류와 특성, 그리고 각기 다른 유형들끼리 만났을 때 나타나는 현상의 특징들을 잘 알아둔다면 인간관계나 비즈니스 등에서 유용하게 활용할 수 있지 않을까 생각된다.

흥미로운 것은, 이러한 유형과 유형이 만났을 때 벌어지는 특정한 패턴의 '화학변화'가 사람의 성생활 특성에서도 나타날 수 있다는 점이다. 다른 사람에게 별로 호감을 주지 못하는 사람도 특정한 유형의 상대에게는 항상 사랑을 받는 경우가 있으며, 사람들에게 쉽게 호감을 주는 사람일지라도 특정 유형끼리 만나면 도대체 잘 융화가 되지 않는 조합도 있다. 그런가 하면 곧잘 조루를 나타내는 남자가 특정 유형의 파트너를 만나기만 하면 정력가처럼 변신하는 경우도 볼 수 있다.

그런데, 만일 사람과 사람 사이에 잘 맞고 안 맞는 유형이 따로 정해져 있어서 자기에게 딱 맞는 유형 이외의 사람과 섹스가 잘 맞을 가능성은 전혀 없다고 할 수 있을까. 당연히 그 답은 '아니오.'다. 자기와 상대방의 타고난 조합 외에도 상황이나 마음가짐, 몸의 컨디션에 따라서도 얼마든지 섹스의 맛과 효과는 달라질 수 있다. 만일 지금까지의 성생활이 무미건조하게 느껴지는 커플이라면 환경이나 마음가짐을 바꿔서 새로운 결합을 시도해보자. 파트너를 바꾸지 않고도 얼마든지 새로운 즐거움을 느낄 수 있다.

쉿! 은밀한 탐험의 출발

부부의 사랑과 가정의 행복을 위해 유쾌한 섹스가 중요하다는 걸 알았다면 이제 그 은밀한 시간으로 잠입해보자. 세계적 고수들이 추천하는 방법들을 따라 판타지의 세계로 출발! 한 계단씩 걸어 들어가 본다. 좀 쑥스러울지 모르지만 그 순간은 단 한 번. 계단을 들어서고 나면 당신은 어느새 '고수의 반열'에 올라서고 있음을 느끼게 될 것이다.

1. 가족들이 모두 잠든 고요한 밤 시간을 이용한다. 때마침 모두들 여행을 떠났거나 캠프를 떠나 아무도 없는 공간이라면 금상첨화. 거실 조명을 흐릿하게 낮추고 로맨틱한 음악을 틀어놓자. 그리고 단 둘이 춤을 추면서 하나하나 옷을 벗는다. 영화가 따로 있나. 쑥스럽더라도 리듬에 맞춰 몸을 흔들다 보면 서서히 흥이 오르고, 이윽고 그녀는 영화 속의 주인공처럼 보이기 시작할 것이다.

2. 아직 침실은 이르다. 먼저 욕실로 가자. 물을 차례로 끼얹고 타월에 거품을 잔뜩 묻혀 서로의 몸을 닦아준다. 마치 보물급 조각상 비너스 상이나 다비드 상을 연상하라.의 겉면을 닦아내듯 조심스럽게. 적어도 한 달에 두세 번은 서로의 몸을 닦아줄 것.

3. 한껏 달아오른 채 침실로 향할 시간. 하지만 빨리 끝내려 하지 말라. 가장 맛있는 음식을 가장 아껴서 마지막에 먹듯, 그 결정적 순간은 뒤로 미루는 게 좋다. 서로 상대의 몸을 마사지한다든지, 특

히 손발을 주무르고 애무한다든지 발톱에 페디큐어를 칠해주며 발가락을 만지는 단계도 효과적이다, 벗은 채로 침대에 나란히 앉아 포도주를 마시는 것도 좋다. 안전한 곳에 촛불을 켜놓는 것도 에로틱한 분위기를 만드는 데 도움이 된다.

4. 이제 서두르고 싶겠지만, 평소 하던 대로 하기에는 아까운 분위기. 한껏 고조된 분위기를 이용하여, 이미 해보고 싶었지만 차마 못 해본 새로운 방법, 체위들이 있다면 도전해보자. 성적인 실험, 창의적인 방법도 좋고 비디오에서 본 장면 그대로를 연습해보아도 좋다. 부부의 섹스가 권태로웠던 건 늘 무미건조한 체위만 반복했기 때문일지도 모른다. 눈을 가리고 해보는 건 어떨까.

5. 폭발. 동시에 폭발하는 게 최상이라는 건 잘 알려진 사실이지만, '동시 폭발'이라는 환상에 너무 사로잡힐 건 없다. 『소녀경』의 '접이불사'론에 의하면, 남자는 스스로 폭발에 이르지 않으면서 상대를 몇 차례나 절정에 이르도록 할 수도 있다. 대개의 경우, 하룻밤에 몇 번이고 절정에 오를 수 있는 여성들은, 남성이 한 번의 폭발로 축제의 전 과정을 마무리 짓기 전에 몇 번쯤의 오르가슴을 느낄 수 있기를 바라고 있다. 동시 폭발은 그러므로 마음먹고 벌이는 축제에서는 거의 최후의 이벤트가 되는 것이 좋다.

지속 가능한 탐험의 연장을 위한 3가지 팁!!

1. 여성의 자위. 오르가슴을 쉽게 못 느끼는 여성이라면 자위를 하면서 자신의 성감대를 개발해보도록 한다. 어느 부분을 자극했을 때 보다 빠르고 강렬한 자극이 느껴지는지 스스로 체크한 뒤 자신의 섹스 파트너에게 이를 귀뜀해준다.

2. 파트너와 함께 하는 자위. 여성이 자위하는 모습을 파트너에게 보여주는 것도 에로틱하다. 남성 파트너가 그것을 도와주는 것도 좋다. 파트너가 어떤 자극을 좋아하는지 파악하는 기회도 될 수 있다. 대개의 한국 남성들은 아내가 자기 눈앞에서 자위하는 것을 좋아하지 않는다고 한다. 그러나 "반드시 내 힘으로 만족시켜주는 것이 사내답다."는 강박감을 버린다면, 파트너의 자위 모습이 얼마나 섹시하고 서로를 흥분시키는 것인지를 알게 될 것이다.

3. 사랑의 시간. 안방의 시계를 '사랑의 시간'에 맞추어두라. 먼저 자명종을 잠든 지 90분 후에 울리도록 맞추어놓는다. 이때가 신체의 첫 번째 성적 수면 사이클이 시작되는 시간. 샤워를 하고 잠들었다가 '사랑의 시계'가 깨워주는 시간에 일어나 사랑을 나누어라. 힘이 들더라도 한번 시도해보자. '사랑의 시계'는 하룻밤에 두 번 울린다. 또 한 번의 시간은 아침 기상시간보다 한 시간 이른 시간이다. 알람을 평소 일어나는 시간보다 한 시간 빨리 울리게 맞추어둔다면 남성의 성적 호르몬이 가장 왕성할 때 사랑을 나눌 수 있다.

**'반짝 섹스'
이것만은 조심**

부부라 하더라도 항상 여유 있는 성생활 환경이 보장되는 것은 아니다. 집안에 아이들이 있거나 어른을 모시고 사는 경우, 맞벌이하느라 집안에서 마주치는 시간이 별로 없는 경우, 옆집과의 사이에 방음장치가 시원치 않은 경우 등 자유로운 성생활에 방해되는 사유는 너무나 많다.

조건이 열악하다면 침실에서의 '취침행사형' 성생활만 고집할 게 아니라 시간과 공간의 제약으로부터 벗어날 수 있는 변형된 섹스를 고안해볼 필요도 있다.

이런 여건의 부부들이 가장 쉽게 택할 수 있는 방법은 호텔 또는 모텔을 이용하는 것이다. 그러나 호텔을 드나들기가 쑥스럽고 자주 이용하기에 경제적으로도 부담이 된다면, 의외의 장소에서 남모르게 즐기는 '속성 섹스'도 고려할 만하다.

욕실이나 주방에서, 때로는 공원 벤치나 나무 아래서, 때로는 가게나 사무실의 책상 위에서, 좀 궁색하지만 때로는 차 안에서, 남들이 눈치채거나 간섭할 틈을 주지 않고 해치우는 것이 속성 섹스의 목표이자 묘미다. 애무의 과정은 거의 생략될 수밖에 없어 제대로 오르가슴을 느끼기 어렵지만 상황이 주는 긴장감에서 보다 짜릿한 쾌감을 느낄 수 있을 것이다.

이런 얘기들은 주로 에로영화나 유명인의 스캔들을 통해서 듣고 볼 수 있는 것이므로 '특별한 사람'들이나 즐기는 것으로 생각할 수 있지만, 보통의 부부들이라고 해서 르윈스키와 클린턴처럼 즐기지 말라는 법은 없다.

하지만 속성 섹스에는 몇 가지 문제점이 생길 수 있다는 것도 염두에 둬야 한다.

첫째는 불편한 체위에 따른 부상의 위험이다. 속성 섹스는 조건상 편안한 체위를 취하기가 어렵다. 자동차 안같이 비좁은 곳에서는 자칫하면 허리를 삘 수 있고, 중년층이라면 뼈나 근육에 무리가 생길 가능성도 높다.

체력 소모가 크므로 장소의 여건에 따라 자기 체력에 무리가 가지 않는 가장 편안한 체위를 고안할 필요가 있다. 아주 드문 경우지만 으슥한 언덕길 같은 곳에서 작업에 몰두하다가 차가 굴러 내려가는 사고를 당할 수도 있다.

둘째는 조루의 습관이 생길 가능성이다. 반짝 섹스의 장점은 남의 눈에 띌 가능성에서 오는 스릴이지만 이것은 단점이기도 하다. 오래 지속할 수 있는 남성이라도 이때만큼은 아무래도 사정을 서두르게 되는데, 이런 속성 섹스에 익숙해지면 습관적인 조루가 생길 수도 있다.

셋째 정신적 피로다. 속성 섹스는 짧은 시간 내에 비교적 간단한 절차로 시작하고 끝낼 수 있지만 아무래도 정신적 긴장감이 높다. 때문에 심리적 압박과 정신적 피로도 한층 높을 수밖에 없다. 이처럼 긴장된 상태에서의 섹스는 남성의 신腎을 손상하여 건강을 급격히 해칠 수 있다.

넷째는 특이한 조건의 섹스에서 쾌감을 느낀 후 여기에 재미를 붙이면 섹스 취향이 점점 더 변태적으로 발전될 가능성이다. 이것은 속성 섹스의 다양한 문제점들에 노출될 기회가 더 늘어난다는 것을 의미한다. 성생활을 누리는 데 편안한 환경이 보장되지 않는 안타까운 부부나 연인들에게 속성 섹스는 가끔씩 즐길 수 있는 좋은 돌파구이기도 하지만, 지나치게 긴장되는 조건을 피하고 안전에도 유의할 필요가 있다. 너무 재미를 붙이는 것도 삼가야 할 것이다.

적당한 효과음 연습하세요

"소설 속에는 남성, 여성, 권력, 투쟁, 돈과 애정의 갈등, 신체 접촉 등이 필수적으로 들어가야 합니다. 이것을 염두에 두고 소설을 한번 써보세요."

선생님이 과제를 내주자 한 학생이 재빠르게 소설을 완성했다.

"백작님, 저의 허벅지에서 당신의 다이아몬드 반지를 낀, 그러나 버릇없는 손을 좀 치워주시겠어요?"

거의 모든 소설에 한번쯤은 등장하는 정사 장면의 묘사는 대동소이, 대개 몇 가지 유형에서 크게 벗어나지 않는다. 키스와 애무, 헐떡이는 숨소리, 거친 숨소리, 후욱 하는 최후의 한숨소리, 축 늘어진 몸뚱어리. 모든 정사 장면은 만고의 명장면이라 하지만 이렇게 천편일률적인 묘사의 복제로 과연 독자들을 얼마나 현혹할 수 있을지는 모르겠다.

몇몇의 전형화된 정사 장면을 보면 어떤 사람들은 관계를 갖는 동안 제법 소란하게 탄성이나 신음소리를 낸다고 묘사돼 있는 반면 어떤 소설에서는 그 장면이 조용조용 묘사되고 있다. 실제로 성인들의 세계에서 소리를 내는 타입과 소리를 내지 않는 타입은 대체로 정해져 있는 것 같다. 마찬가지로 관계를 갖는 동안 소리를 내는 것이 좋은지 그러지 않는 것이 좋은지에 대한 견해는 사람에 따라 갈리는 것 같다.

그런 논란에서는 대체로 "억지로 소리를 내려고 애쓸 필요까지는 없더라도 흥분됐을 때 자연스러운 신음까지 억제할 필요는 없다."는 게 결론인 것 같다.

물론 사람마다 개성이 있으니 저마다 제 좋은 길로 가면 되겠지만, 부부관계를 갖는 것이 무슨 죄라도 짓는 일인 양 잔뜩 긴장하고 숨죽이며 하는 것보다는 자연스럽게 신음소리나 웃음소리를 섞어가며 효과음을 즐기는 것이 좋을 것이다.

섹스는 사람을 흥분시키기 때문에 맥박이 빨라지고 호흡도 거칠어진다. 이때 그 박동의 압력을 해소하기 위해 자연스럽게 입이 벌어지고 거친 숨소리나 신음이 나오게 된다. 이는 마치 몸살이 나서 열이 오를 때 자기도 모르게 신음이 나오는 것과 같은 이치다. 흥분했을 때 나오는 신음을 억제하기 위해서는 거친 숨까지 동시에 참아야 하기 때문에 건강에도 별로 좋을 것 같지 않다. 한편으로는 흥분해서 내뱉는 신음소리가 서로의 성감을 높여주는 효과도 기대할 수 있다. 그 소리를 통해 상대가 어느 정도 흥분하고 있는지를 감지할 수 있고, 이것은 또

굳이 불을 켜거나 눈을 떠서 서로 얼굴 표정을 관찰하지 않고도 상대의 고조된 기분을 상상할 수 있도록 해주기 때문이다. 아무래도 환상적인 기분을 고조시켜주는 데는 시각보다 청각을 활용하는 것이 월등 효과적일 것이다.

어떤 사람들은 아주 비명을 질러서 옆집에서 "사람 잡는다."고 할 정도로 시끄럽게 굴기도 한다. 그 정도는 좀 곤란하지 않을까. 소리를 내는 것도 습관이니 만큼 아주 특별한 경우가 아니라면 적당한 효과음을 연습하는 게 좋을 것이다. 포르노 영화에서 보통 들을 수 있는 정도의 톤이라면 적당하리라 생각된다. 사실 포르노의 대부분은 일방적으로 여성들만 소리를 내는데, 남성도 어느 정도 소리를 내면 화음이 아주 잘 맞는다.

이를 악물고 소리를 참는 부부들의 경우 대개는 주거환경 때문에 소리를 억제하는 습관이 몸에 밴 탓도 있다. 자녀들이나 같이 사는 부모의 눈치가 보여서 언제나 숨죽여 즐길 수밖에 없는 형편이라면 가끔 부부가 밖에서 만나 즐긴다거나 다른 가족들이 여행을 떠나는 기회를 이용하는 것도 좋다.

속성 섹스ABC

속성 섹스를 한 번도 시도해본 적이 없는 부부들은 그것에 대해 어떤 선입견을 갖고 있을 가능성이 있다. 민망하다거나 두렵다거나 변태 스럽다거나 등등. 그러나 주거환경이 제대로 편안히 자리 깔고 즐기기 쉽지 않은 부부들에게 이런 기회는 얼마나 고마운지 아는가. 한 번의 접촉이 아쉬운 부부들이 순간의 기회를 놓치지 않고 즐기는 '짧고 강렬한 속성 섹스'는 일상적인 섹스보다 더 열정적일 수 있다. 속성 섹스를 처음 시도하는 사람들이 알아야 할 ABC는 다음과 같다.

1. 속성 섹스는 가끔씩 이루어져야 한다. 이것도 버릇이 들면 정상적 인 본게임은 오히려 뒷전으로 밀려날 수 있으니까. 늘 속성 섹스만 을 요구하는 사람은 이기적인 파트너다.
2. 전희는 생략 가능. 갑자기 속성 섹스를 나누고 싶은 상태라면 몸 은 이미 달궈져 있을 것이므로, 애무가 짧아도 대개는 별 문제가 없다.
3. 반드시 오르가슴을 확인할 필요도 없다. 아마도 많은 여성들이 속성 섹스에서 충분한 오르가슴을 느끼기는 어려울 것이다. 하지 만 즉흥적인 섹스는 오르가슴과는 다른 열정과 환희를 안겨줄 것 이다.
4. 사랑을 나눌 시간이 없다면 아이들이 TV에 몰두해 있는 동안 잠 시 욕실에서 사랑을 나눌 수도 있다. 가장 적절한 시간과 장소를 찾기보다는 그때그때 상황에 맞게 잘 연구하면 안전하면서도 스 릴 있는 장소는 얼마든지 찾아낼 수 있다.

행복을 건지는
쾌감 공략법

**침실을 변화시키는
전희의 기술**

■ **접근의 기술**

성기의 결합만을 섹스의 전부로 생각하는 이
상 당신은 영원히 '초초보'에 머물 수밖에 없
다. 섹스는 그야말로 오감미각, 후각, 시각, 촉각, 청
각 = 맛, 냄새, 보기, 접촉, 소리을 통해 시작되고 열반의 경지로 완성된다.
멋진 섹스를 원한다면 오감을 자극하여 관능을 일으키자.

이를테면 감각의 자극. 상대가 놀랄 만한 일을 꾸며본다. 침대 위에
장미꽃잎을 뿌려놓는다거나 남편이 좋아하는 향수를 침대시트에 살짝
뿌려둔다거나. 아내가 꽃가루 알레르기가 있다면 역효과가 날 수 있으
니 조심. 과연 장미꽃을 좋아하는지부터 넌지시 조사해둘 것.

촉각의 자극. 다른 모든 감각을 닫고 당신이 만지는 것에만 집중해본

다. 상대의 몸을 어루만지면서 어떻게 반응하는지 살펴본다. 피부의 질감이 어떻게 다른지 그리고 누르는 정도에 따라 느낌이 어떻게 다른지. 어느 지점을 만질 때 특히 기분 좋아하는지. 털옷이나 실크, 따뜻한 물과 같이 좋아하는 감촉을 가진 물건이 있다면 활용해도 좋다.

오감을 일깨우는 각성훈련. 하루에 10분이라도 새로운 방법으로 당신의 주변을 살펴보라. 집 안의 화초를 응시하고 시詩 한 편을 암송해보라. 이렇게 서정을 일깨우는 훈련을 습관처럼 하다 보면 침실의 분위기는 점차 깊고 포근하게 바뀌어갈 것이다.

■ 에로틱 마사지

잘 관찰해보면, 남녀 간에 서로의 몸에 손을 대는 것이 육체관계로 가는 구체적인 출발임을 알 수 있다. 처음에는 가볍게 악수하고 손을 만지거나 등을 두드리거나 어깨동무를 하거나 팔다리를 주물러주는 등의 평범해 보이는(?) 접촉으로부터 시작되지만, 그 접촉이 반복되면 이윽고 둘 사이는 손쉽게 진한 관계로 발전하는 것이 보통이다물리치료를 받을 때가 아닌 한, 그러지 말아야 할 사이에는 서로에게 손대는 일부터 절대 하지 말아야 한다.

서로의 친밀감을 높이는 데 가장 빠르고 효과적인 물리적 수단이 바로 마사지다. 필연적으로 그것은 애무를 향한 출발이 된다. 포옹, 주무르기, 두드리기, 문질러주기 등 접촉을 통한 자극은 일상적인 마사지와는 다른 쾌감을 주며 경직된 근육과 긴장을 풀어준다. 특히 에로틱 마

104

사지는 성적인 관계를 강화하는 데 도움을 주고 둘 사이의 애정문제까지도 해결해줄 수 있다.

부부의 에로틱한 섹스를 위한 단계별 마사지 요령

1단계 손을 따뜻하게 하여 오일이나 로션을 바르고 상대방의 등과 가슴을 손바닥을 이용해 크게 문지른다. 배와 허벅지, 다리, 발까지 범위를 넓혀 나간다. 발목과 발바닥, 발가락을 잘 주무르며 마사지한다. 목이나 어깨는 정성껏 주물러 근육을 풀어준다. 재료는 각종 식물성 기름이나 와인, 요구르트 등 식용 가능한 재료를 쓰는 것이 좋다.

2단계 털과 입술, 유방으로 상대방의 몸을 자극한다.

3단계 엉덩이를 주무르면서 가볍게 툭툭 친다. 상대방이 좋아하면 손가락 부위를 펴서 회음부를 마사지한다. 음부의 표면과 항문 부위까지 건드려주면 대부분의 사람들은 매우 예민하게 반응한다.

4단계 한 손으로 마사지를 계속하면서 다른 한 손으로 유방과 유두를 자극한다.

5단계 유두와 성기 사이를 손가락으로 부드럽게 오르내린다.

6단계 상대방의 다리를 벌려 허벅지 안쪽을 자극하고, 복부와 허벅지 안쪽을 오르내리며 자극한다. 이와 동시에 한 손으로 성기를 자극하는데, 상대방의 신음소리를 들으며 마사지 강도

를 조절한다. 적당히 상대가 흥분을 느낄 때 본격적인 애무
로 돌입한다.

■ 애무의 기술

1. 옷을 완전히 벗지 말고 속옷만 입은 채, 몸을 밀착하며 애무한다. 지루해진 몸이 아니라 아직 호기심 가득하던 연애시절의 느낌을 되살려줄 것이다.

2. 배우자가 자위하는 것을 지켜본다. 가능하다면 상대의 자위에 참여하여 자극을 도와주는 것도 좋다.

3. 입술과 혀를 이용하여 성기를 애무한다. 구강성교는 전희의 필수코스가 아니다. 그 자체만으로 오르가슴에 이르는 섹스이기도 하다.

4. 페니스를 여성의 다리 사이에 올려놓고 음순의 경계지점에 밀착시킨다. 질 삽입은 뒤로 미루고 여성의 대퇴부를 압박하면서 전후운동을 한다. 귀두 부분이 클리토리스를 건드릴 때마다 여성의 쾌감은 증가된다.

5. 페니스를 여성의 유방 사이에 밀착시키고 여성이 유방을 양손으로 모으면서 전후운동을 한다.

■ 깨물기의 기술

인도 성전 『카마수트라』에 상세하게도 설명되어 있는 가장 독특한

애무기술이 바로 '깨물기'와 '할퀴기'다. 실제로도 많은 연인들이 서로 애무하는 동안 상대의 몸을 깨무는 '놀이'를 하고 있다. 킨제이 보고서에도 섹스를 할 때 상대방이 깨물어주면 흥분을 느끼는 사람이 많다는 조사결과가 수록되어 있다. 말은 깨물기지만, 정확하게는 입으로 상대에게 가하는 모든 자극의 방법이라 할 수 있다. 가볍게 깨물기, 빨기 그리고 핥기의 절묘한 조화가 바로 깨물기의 기교라 할 수 있다. 섹스 직전, 또는 섹스 도중 행하는 깨물기의 기교는 구체적으로 다음과 같은 것들이다.

1. 귓불을 가볍게 핥거나 깨물어준다. 귀 안쪽으로 혀를 살짝 넣어 본다.

2. 목과 어깨를 살살 깨물며 핥는다.

3. 성교 중 가장 방치되기 쉬운 곳이 바로 손과 발이다. 이곳을 손으로 주무르는 한편 간간이 깨물거나 빨아주는 것도 좋다.

4. 여성의 젖꼭지만 예민한 게 아니다. 많은 남성들이 젖꼭지에 민감하면서도 아내에게 자극을 요구하지 못하는 경향이 있다. 젖꼭지를 깨물어주고 핥아주면 남편은 더욱 좋아할 것이다.

5. 성기는 깨문다기보다는 부드럽게 핥아주어야 한다. 남편의 성기는 귀두 부위가, 아내의 성기는 클리토리스 부위가 가장 예민하며 대음순이나 허벅지 등도 깨물기 자극으로 효과를 얻을 수 있는 곳이다.

침실을 변화시키는 표현의 기술

섹스는 신음, 한숨, 속삭임, 흐느낌 등 다양한 언어를 갖고 있다. 사람들은 침실에서의 즐거움을 표현하기를 주저하는 경우가 많다. 그러나 그러한 침묵은 서로의 오해를 불러일으킬 뿐이다. 상대의 침묵이 열정이 없어서라거나 마음이 동하지 않아서라고 생각한다면 아무래도 좀더 열정적인 다음 단계를 주저하게 될 것이다. 자신의 느낌을, 상대를 끌어안거나 소리를 내는 등의 방법으로 표현하면 상대방은 물론 자기 자신까지도 더욱 자극을 느끼게 된다. 좀더 열정적인 섹스를 위해서라면 적당히 쾌감을 표현하는 것이 피차 좋은 일이다.

1. 신음소리를 내고 헉헉대기도 하라. 이 순간만큼은 지구의 미래와 같은 거창한 생각이든 버스 안에 떨어뜨린 동전 같은 사소한 생각이든 다 잊어버려야 한다. 오직 섹스 그 자체에 몰두하라. 뜨거운 밀어를 속삭이는 순간 성적 흥분은 최고조에 이른다.

2. 섹스하는 동안 가끔은 눈을 떠서 상대방과 눈을 맞춘다.

3. 섹스 도중 만족감을 느낀다면 소리를 내어 상대방에게 신호를 보내라. 신음과 한숨을 크게 하면서 자신의 성적 반응을 과감히 표현한다.

4. 절정에 이를 때는 특히 침묵하지 말라. 절정의 쾌감을 과감히 표현하여 상대가 깨닫도록 한다. 절정에 도달하여 내지르는 신음소

리에 더욱 자극되어 또 한 번의 절정을 느끼는 수도 있다.

5. 거사 후 후희後戲는 즐거웠던 순간을 되새기는 기분으로 나누면 된다. 기분 좋은 콘서트를 보고 난 후 그 감상이 어땠는지를 말하듯이, 좋았던 느낌을 서로에게 표현하는 것이면 적당하다. 어떤 부분에서 가장 감동적이었다거나 어떤 부분을 다시 듣고 싶다는 말과 같이 구체적인 표현도 좋다. 상대방이 자신을 얼마나 기쁘게 해주었는지에 대하여 말하는 것보다 좋은 감상 소감은 없을 것이다.

**입의 진화—
오럴섹스**

구강성교란 혀로 파트너의 성기를 자극하는 것을 말한다. 성적 흥분을 고조시키기 위한 전희의 일부로 남녀 모두 구강성교에서 육체적, 정신적인 즐거움을 느낄 수 있다. 어떤 사람들은 구강성교가 천박한 일이고 그것을 받는 것도 창피한 일이라고 여기지만 이 또한 성생활의 중요한 요소이다. 이것이 천박하다는 편견에서 벗어난다면 보다 더 쉽게 오르가슴을 맛볼 수 있을 것이다.

■ 펠라치오 : 여성이 남성에게

1. 처음에는 유두를 핥고 빠는 것부터 시작해 입술과 혀로 성기까지 애무하면서 내려온다. 부드럽게 음낭과 페니스를 애무한다. 가볍

게 입 맞추듯 시작하면 된다.

2. 남성이 등을 대고 눕고 여성은 그의 옆에서 남성의 몸과 직각 방
   향으로 무릎을 꿇고 앉는다.

3. 기본적인 애무와 핥기, 흡입의 테크닉을 익혀라. 귀두 부위를 혀
   끝으로 가볍게 애무한다. 이후 페니스 전체를 위아래로 애무한
   다. 귀두 부위는 혀로 감싸듯이 핥다가 부드럽게 빨아들인다.

4. 어루만지거나 빨아들이는 압력과 속도를 상대방 남성의 반응에
   따라 조절한다. 시간을 오래 지속하려면 남성이 너무 흥분하기 전
   에 입술을 떼고 음낭이나 허벅지, 가슴 등을 애무하며 열을 식혔
   다가 다시 시도한다.

5. 입과 동시에 손으로 자극한다. 펠라치오를 행하는 동안 손으로 고
   환을 어루만진다. 그 표면의 부드러운 감촉이 감각을 돋운다. 귀
   두 부위를 흡입하는 동안 음경을 손으로 애무한다. 많은 남성이
   여성의 질보다 더 강한 입의 흡입력을 좋아하기도 한다.

6. 남성의 성감대를 찾아낸다. 음경을 비롯하여 그가 특히 좋아하는
   부분을 찾아서 건드려주면 좋다. 이때 어느 곳이 얼마나 좋은지를
   대화를 통해 물어가며 탐색하는 것도 좋다.

■ **커닐링구스 : 남성이 여성에게**

1. 아래쪽으로 가는 것을 너무 서두르지 말고, 우선 배꼽과 음모 사
   이 부위를 가볍게 마사지하면서 허벅지 안쪽을 향한다.

2. 여성이 드러누운 자세에서 자연스럽게 다리를 벌리면 남성은 다리 사이에 누워 여성의 다리 밑으로 손을 뻗어 부드럽게 엉덩이를 자극한다. 엉덩이 밑에 베개를 받치면 클리토리스와 음순이 도드라져 대개는 자극하기에 더 편리해진다.

3. 처음에는 혀끝으로 소음순, 질 부위와 클리토리스의 끝을 가볍게 마사지한 다음, 입술로 클리토리스 주위를 흡입한다.

4. 어루만지거나 핥거나 흡입하는 압력과 속도를 조절한다. 급하게 치아를 사용하지 말고 여성의 반응을 보면서 조절한다.

5. 질 안에 손가락을 넣어 동시에 자극해도 된다.

6. 절대 질 안으로 바람을 불어넣지 말라. 드물지만 공기가 혈류 속으로 들어가 위험해지는 수도 있다.

고수高手로
가는 길

사랑이 먼저다

일단 한 번 관계를 갖기만 하면 어떤 여자든 쉽게 떨어져나가지 못하게 하는 남자가 있었다. 이 남자가 지닌 마력은 '멀티 오르가슴'이란 무기였다.

결혼생활을 십수 년씩 했어도 오르가슴이란 걸 제대로 느껴본 적이 없는 많은 여성들이 그의 '멀티 오르가슴'에 한번 빠져들기만 하면 스스로의 의사로는 절대 벗어나질 못했다. 그래서 자신만만한 그였는데. 원숭이가 나무에서 떨어지듯 그도 어느 날, 난생 처음으로 사귀던 여자에게서 걷어차이고 만다. 사랑을 고백한 적은 없지만, 마음속으로 은근히 그녀를 좋아했던 이 고수高手, 당황하여 그 사연을 물었다나. 그러자 여자가 딱 잘라 말하더란다. "마음 없는 섹스는 이제 질렸어."

112

소위 고수라 불리는 남자들이 흔히 빠지는 함정이 '사랑 없이도 섹스는 잘 할 수 있다.'는 가정이다. 인간은 본래 동물의 본능을 지닌 존재이므로 어느 정도는 가능할지도 모른다. 게다가 평생 한 번도 맛보지 못한 환락의 기교를 지닌 상대라면, 두 번, 세 번도 가능할 일이긴 하다. 하지만 사랑이라는 마음이 따르지 않는 섹스는 오래 갈 수 없는 법이다. 감동적인 연애나 섹스가 기교나 기능만으로 가능하다고 믿는다면 중대한 착각이다. 멋진 사랑과 감동이 있는 섹스 역시 진지한 마음에서 우러나는 것이다.

젊은 기운에 스스로 변강쇠 버금가는 플레이보이라 자랑하는 사람들을 간혹 보게 되는데, 이들의 '체력에 의존하는 플레이'는 사실 그리 오래 가지 못한다. 아무리 많은 정력보신제를 먹고, 기교 훈련을 하고, 체력 단련을 한다고 해도 진심이 없는 사랑에서는 이내 지루함을 느끼고 성 기능 또한 쉽게 한계를 보인다. 이런 성생활은 건강을 망치기도 쉽다.

사랑이 먼저냐 정력이 먼저냐 묻는다면, 답변은 단순명료하다. 살면서 숨넘어가는 연애를 한번쯤 해보고 싶다면, 마음을 다하고 영혼을 다하는 진지한 사랑을 먼저 시작할 일이다.

만일 연인이나 배우자와의 사이에서 어떤 울림도, 감동도 느끼지 못한다고 말한다면 먼저 스스로에게 물어야 한다. "그를 진정 사랑하는가."

마음을 열어야
몸이 열린다

겉보기엔 아무런 문제가 없어 보이는 ㄱ씨 부부. 실제로는 서로 간의 심각한 감정의 골을 감추고 있었다. 부인은 남편과의 잠자리가 늘 불편했고 특히 성관계를 가질 때마다 서글픈 생각이 든다는 것이다. 남편은 허우대가 좋은 사람이었고 회사에서도 누구 못지않게 정력적으로 일하여 인정을 받는 사람이었다. 누가 보아도 성적으로 부인을 만족시키지 못할 사람으론 보이지 않았다.

이들 부부의 경우 문제는 정력 부족이나 섹스 기피에 있는 것이 아니었다. 오히려 남성이 너무 강해서 탈이라고 할까. 결혼 직전 첫 관계를 가졌는데 그때 다짜고짜 밀고 들어온 남성에 의해 ㄱ씨는 미지의 놀이에 대한 환상이 무자비하게 깨져버렸던 것이다. 이후 부인에게 섹스는 고통스런 노동에 지나지 않았다.

'부부란 함께 자는 관계'라는 의무감에서 동침을 하긴 하였지만, 부인은 관계를 갖는 것에 회의를 가질 수밖에 없었다. 남들이 즐거운 섹스에 대해 말하는 것을 들을 때마다 소외감을 느꼈고 그럴수록 남편이 원망스럽다고 했다.

부부관계는 신뢰와 상호 존중 속에서 깊이가 더해지는 것이다. 이를 위해서는 서로 대화가 통할 뿐 아니라 성적인 관계 또한 원만해야 한다. 섹스 트러블은 거기서 그치지 않고 상호 간에 불만과 심리적인 이질감으로 발전되기가 쉽다. 실제로 이같은 섹스관계의 위기가 부부관계라는 조합의 위기로 발전되는 예는 흔하다.

남성이 총각으로 신부를 맞았을 때, 섹스에 대한 무지와 성급한 욕심이 '이기적인 섹스'로 이어지는 것은 흔히 있는 일이다. 두 사람이 서로 만족할 수 있는 섹스가 되지 못했다면 함께 문제를 분석하고 개선하는 노력을 해나가는 것이 당연한 의무다.

대개의 경우, 성적인 결합에서의 문제는 전문가에게 털어놓고 상의를 하면 마땅한 해답을 얻을 수가 있다. 다만 그것을 터놓고 상의할 대상이 없을 때, 홀로 속으로 끙끙 앓게 되는데 이런 상황이 오래되면 서로에 대한 감정의 거리가 굳어져서 결혼의 행복까지도 사라질 수가 있는 것이다.

ㄱ씨 부부의 경우는 비교적 간단한 문제에 부딪친 것으로 볼 수 있다. 갓 결혼한 여성들이 '남성의 거대함'에 질려 공포감을 호소하는 경우는 적지 않게 볼 수 있는데, 이것은 대개 남성 성기에 대한 무지와 무경험이 문제일 뿐 실제로 남성이 지나치게 커서 문제인 경우는 극히 드물다.

여성의 질은 그 크기에 비해 상대적으로 굵은 남성이라 할지라도 웬만한 정도의 차이까지는 문제없이 받아들일 수 있을 만큼 뛰어난 수축 확장 능력과 탄력을 지니고 있다. 그러므로 제대로 순서를 밟아서 삽입을 시도한다면 거의 문제가 되지 않는다.

그런데 여성이 받아들일 준비를 하기도 전에 마구잡이로 밀고 들어가 고통스런 경험만 남겨준다면 여성이 밤을 무서워하게 되는 것은 당연한 이치. 섬세한 피부로 구성된 여성의 질은 연약한 조직일 뿐이다.

부부니까 재미가 있건 없건, 아프건 말건, 무조건 참고 받아들여야 한다는 생각은 고루하다. 오늘 같은 문명시대에 이것은 명백한 '폭행'이다.

여성을 준비시키는 과정을 전희라고 할 수 있는데, 물론 여기에는 몇 가지 잘 알려진 기본 기술들이 있다. 서로 포옹하고, 서로를 어루만지고, 입을 맞추고……. 그러면 이런 기술은 훈련도 가능할까. 물론 가능하다.

충분한 전희를 통해 몸의 문이 열리면 여성의 질은 촉촉이 젖게 되고 남성을 부드럽게 받아들이기 위해 서서히 입을 벌린다. 원칙적으로, 삽입은 이런 후에 시작해야만 여성에게 고통을 주지 않고 더 강한 쾌감을 느낄 수 있게 된다.

그런데 구체적으로 어떤 기술이 가장 중요한가를 묻는다면, 그것은 입맞춤도 어루만지기도 아니라고 말할 수 있다. 어떤 식으로 애무하든, 그 손끝에서 진심 어린 애정이 느껴질 때다. 여성의 몸이 가장 정직하게 반응하는 순간은 무엇보다 진지한 사랑을 느끼는 순간이다. 노련한 손끝 하나보다 마음에서 우러나는 사랑의 밀어 한 마디가 상대의 몸을 부드럽게 녹이고 그 문을 열어준다는 것을, '연애남녀'들은 한시도 잊지 말 일이다.

**'접이불사',
발사하진 말라고?**

동양의 성전으로 불리는『소녀경』은 자웅이 합일하는 이치에 대하여 매우 많은 것을 가르친다. 사실 환자들과 상담하다 보면 건강을 그르친 원인이 성생활의 잘못된 방법에 있다고 생각되는 경우가 적지 않다. 이런 의미에서 옛날 선조들이 남긴 성생활 관련 지침서들은 단순히 성생활에 관한 흥미 있는 상식일 뿐 아니라 긴히 참고할 의서醫書다.

『소녀경』은 국내에도 10여 종의 편집본과 번역본들이 나와 있다. 아쉬운 점이 있다면 내용에 대한 현대적인 풀이나 해설이 거의 달려 있지 않아서 단지 4,000~5,000년 전의 환경을 토대로 한 원문 그대로를 답습하거나 자의적인 수준의 편집에 머무르고 있다는 점이다.

이를테면 당대의 유사한 성전들을 한데 묶은 요즘의『소녀경』에는 남녀가 며칠 간격으로 교합을 하면 좋은가에 대한 언급만 해도 여러 대목이 등장하는데 이에 대한 교통정리가 제대로 돼 있지 않다. 어떤 대목에서는 하루 아홉 번씩의 교합이 언급돼 있는가 하면 어떤 대목에서는 나이에 따라 혹은 계절에 따라 일주일에 두세 번, 한 달에 두세 번으로 막연하게 기록돼 있다.

또한 사정의 횟수와 교합의 횟수를 혼동하지 말아야 하는데 대부분의 해설에서는 이조차 혼동되고 있다. 성생활에 있어서 이것은 대단히 중요한 포인트인데 흔히 교합을 가질 때는 당연히 사정을 해야 하는 것으로 생각한다. 그러나 반드시 그럴 필요는 없을 뿐 아니라 오히려 그러지 말아야 한다는 게 『소녀경』 방중술의 요체다.

황제가 물었다. "요동을 하면서도 베풀지 말라 하였는데動而不施 그렇게 하면 어떤 효과가 있는가." 여기서 움직인다는 것은 삽입하여 몸을 움직이는 것을 말하고 베풀지 말라는 것은 사정하지 말라는 뜻이다.

질문에 대하여 소녀가 답한다.

"한 번 요동하여 사정하지 않으면 기력이 강해지고, 두 번 요동하여 사정하지 않으면 눈과 귀가 밝아집니다. 세 번 요동하여 사정하지 않으면 모든 병이 없어지며, 네 번 참으면 5신五神이 다 편안해집니다. 다섯 번 참으면 혈맥이 충실해지고 여섯 번 참으면 허리와 등이 꼿꼿해집니다. 일곱 번 요동하여 사정하지 않으면 허벅지에 힘이 생기고 여덟 번 참으면 몸에 윤기가 흐르게 됩니다. 아홉 번 참으면 수명이 연장되며, 열 번째 요동하여 사정하지 않으면十動不瀉 신선이 됩니다." 여기서 나온 것이 바로 '접이불사接而不瀉, 교접하되 사정하지 말라'의 이론이다. 오늘날에도 실제로 이 방법을 몸에 익혀 하루도 빠짐없이 부부 간의 교접을 즐기는 이들이 적지 않다.

이 방법에 대해 황제는 다소 불만이 있었던 것 같다. "교접이란 사정하는 즐거움이 최고인데, 그것을 참아야 한다면 무슨 낙으로 교접을 즐긴단 말인가." 여기에 대해서는 채녀采女의 답변이 있다. "대개 사정을 하고 나면 몸이 피곤하고 나른해지고 눈이 무거워지고 귀에서 윙윙거리는 소리가 납니다. 곧 회복된다 해도 이처럼 피곤한 일이 되어서는 무슨 즐거움이 있겠습니까. 그러나 흥분해도 사정하지 않는다면 이목

118

耳目이 총명해지고 기력에 여유가 생기고 신체가 편안하여 언제든 다시 사랑하고 싶은 의욕이 생기는 것이니, 약간 부족하더라도 항시 즐거울 수 있는 것입니다."

현대 의학에서는 사정을 참는 것은 전립선을 위하여 좋지 않다고 본다. 발기상태가 오래 유지되므로 충혈상태의 지속으로 인한 통증과 압박이 생길 수 있으며 회음부가 늘 뻐근하고 전립선과 요도에 대한 세척도 이루어질 수 없기 때문이다.

그런데 이 문제는 『소녀경』에서도 체력이 건장한 자로서 너무 오래 배설하지 않으면 옹저癰疽, 한방에서 '큰 종기'를 통틀어 이르는 말가 생길 수 있다고 지적한 바 있다. 교접의 횟수와 상관없이 적당한 간격으로 한 번씩은 사정을 하는 것이 좋다는 얘기다.

그러면 사정을 참는 것은 얼마나 해야 하고 또 사정은 얼마 만에 한 번씩 하는 것이 좋을까. 그것은 뚜렷하게 개인차가 있다. 각자의 체력에 따라 자신에게 맞는 사정 주기를 정하면 좋을 것이다. 기력이 왕성하다면 좀더 자주 사정하고, 사정 후 피로감이 느껴진다면 사정의 간격을 좀더 뜸하게 할 필요가 있다. 다만 교접과 사정이 반드시 같은 개념이 아니라는 대전제를 잊지 않도록 하자.

**변화 있게
오래 즐기기**

시간에 집착하라는 얘기는 아니다. 오래 끈다고 반드시 고수 반열에 드는 것도 아니다. 가끔은 너무 오래 질질 끌어 지겹다는 평가를 받는 남자도 있다. 의학적으로는 조루의 반대 개념인 지루 때문에 시간을 끄는 일도 생긴다. 그렇게 시간을 끄는 일이 조금도 즐겁지 않다면 당장 그만두는 것이 낫다. 즐겁지 않은 것은 진정한 섹스가 아니기 때문이다.

그런데 많은 고수들이 특별한 사유가 없는 한 대체로 오래 즐긴다. 오래 즐거울 수 있기 때문이다. 매일 오래 즐기기는 어렵다. 평소에는 짧고 뜨겁게 즐기되 주말이나 휴일 같은 기회에는 마음먹고 오래 즐길 수 있다. 길게도 짧게도 마음대로 즐길 수 있어야 진정 '고수'가 되는 것이다. 고수로 가기 위해 거쳐야 할 필수 훈련코스를 소개한다.

1. 구강성교오럴섹스. 한 번 섹스에서 여러 차례 오르가슴을 경험하는 여성들은 일반적으로 커널링구스를 통해 첫 번째 오르가슴을 느낀다고 한다. 그런 후 삽입 성교를 가지면 두세 번의 오르가슴을 더 느끼는 건 일도 아니다.

2. 삽입 패턴을 바꿔본다. 대부분의 남성들이 평소 피스톤 운동의 패턴에 신경을 쓰지 않는다. 일단 질에 삽입하면 늘 똑같은 방법으로 움직이고, 비슷한 시간 안에 사정을 한 뒤 빠져나오며 일을 마친다. 가장 흔한본능적 패턴은 질 안에 넣자마자 똑같은 주기로 빠

120

르게 움직이다가 절정에 가까울수록 더 빨라져 사정에 이르는 것이다. 매번 이렇기만 하다면 이보다 지루한 일이 없다. 깊은 삽입과 얕은 삽입을 재치 있게 배합하여 변화를 주면 더욱 감각적인 섹스가 되며, 시간도 훨씬 오래 지속될 수 있다. 피스톤 운동의 리듬뿐 아니라 삽입할 때의 각도 등에도 변화를 주는 것이 요체다 119페이지에서 '구천일심'을 참조할 것.

3. 반드시 사정할 필요는 없다. 대부분의 남성들은 한 번 삽입하면 절정에 다다를 때까지 계속해서 운동을 한다. 절정에 오르기 전에 잠시 빠져나와서 다른 방법으로 놀거나 잠시 휴식한 뒤에 다시 삽입하여 두 번째 섹스를 즐겨보자. 이렇게 하면 더 오래 즐길 수 있고, 두 번째 느끼는 절정은 훨씬 강렬하다. 끝까지 사정하지 않고 즐긴다면, 날이 밝기 전에 2차전, 3차전을 치르는 것도 얼마든지 가능하다. 『소녀경』에는 아홉 번이라는 숫자가 여러 번 등장한다. 아홉 번씩 아홉 번이라는 숫자도 사정하지 않는 섹스에서 가능한 일이다 119페이지에서 '접이불사'를 참조할 것.

4. 삽입 중에도 손으로 여성의 클리토리스를 자극하라. 삽입 중에라도 엉덩이나 젖가슴, 클리토리스 등을 동시에 자극하면 여성이 느끼는 쾌감은 극대화된다. 성기가 한창 바쁜 순간에도 손이나 입술을 놀려두지 않도록 한다. 입, 손, 성기가 순번제로 공격하는 것보다는 동시 공격할 때의 화력이 한층 세고 효과적인 법이다. 삽입 중 클리토리스 자극은 특히 효과적인데, 여성 상위의 체위에서는

손으로 클리토리스를 자극하기가 한결 편하다.

5. 늘 같은 체위만 고수하지 말라. 기분에 따라 상황에 따라 다양하게 체위를 바꾸어라.

6. 속삭이고 대화하라. 여성이 절정에 이를 때 귀에 대고 속삭여라. "사랑해."라고. 여성은 환상 속에서 절정을 향해 날아오를 것이다. 어느 정도 서로에게 익숙해진 뒤라면 관계 도중 삽입을 유지한 채로 사랑의 밀어로 대화를 나누는 것도 좋다. 이때의 대화는 지나치게 머리를 사용해야 하는 주제를 피해야 한다.

7. 남성은 사정을 지연시키는 테크닉을 익히고 여성은 케겔운동을 통하여 질의 수축력을 높여준다. 이렇게 하면 남녀 모두 더 강렬한 오르가슴을 느끼는 것이 가능해진다.

8. 이밖에 평소 남성 강화 훈련5장 참조으로 체력과 정력을 강화하고 성기를 단련해두면 노년까지 싱싱하고 즐거운 인생을 즐길 수 있을 것이다.

구천일심九淺一深과 '애태우기'

『소녀경』에는 '구천일심'과 같은 기법을 소개하고 있는데, 이는 아홉 번 얕게 하고 한 번 깊게 넣으라는 뜻이다. 흔히 '애태우기'라고 불리는 기술이 있는데, 얕게 놀리는 것은 전형적인 '애태우기' 기술의 하나다. 질의 입구 쪽에 머물러 아홉 번을 얕게 움직이는 동안 여성은 애타게 한숨을 쉬며 보다 깊게 들어오기를 간청하게 된다. 그 뒤에야 깊숙이 밀고 들어가는 것이 요령인데 두 사람의 쾌감은 극대화된다. 질 입구에서 움직일 때는 클리토리스를 건드리도록 하는 것이 좋다.

접이불사接而不瀉

역시 『소녀경』에 나오는 기본 기술로 삽입하되 사정하지 말라는 것이다. 십동불사十動不瀉라는 말도 나온다. 열 번 하는 동안 사정하지 않는다는 뜻이다. 남성은 사정하지 않으면 발기력이 계속 유지되거나 짧은 시간에 발기가 회복되어 곧 일을 다시 치를 수 있으므로 여러 번의 오르가슴에 도달하는 데 필수적인 수법이다. 한 번 잠자리에서 여러 차례 거듭 오르가슴에 오르는 것을 '멀티 오르가슴'이라 하는데, 이것은 섹스의 '고급단계'에서는 기본적인 테크닉에 속한다.

밸리 오르가슴

밸리 오르가슴이란 '지속적으로 확장되는 오르가슴'이라 말할 수 있다. 고도의 황홀감을 주는 오르가슴이다. 이를 위해서는 다양한 방

법의 성기운동을 구사하며 오르가슴에 도달하기 직전 운동을 중단
하는 것이 요령이다. 상대방을 가까이 편안하게 껴안고 얕은 삽입을
지속하면서 오르가슴 직전까지 들어갔다 되돌아 나오기를 거듭하는
동안 그 절정을 향한 쾌감은 점점 더 심연으로 향하는 기분을 느끼게
한다.

환정보뇌還精補腦

『소녀경』방중 양생술의 절정이다. '멀티 오르가슴'에 이미 익숙해
진 수련자들은 방출되지 않은 기운을 몸 안으로 되돌려, 정기精氣를
가다듬고 신선의 경지에 이른다. 이것은 더 이상 쾌락을 향한 섹스
가 아니며 고도의 수련의 경지라 할 수 있다. 말의 뜻으로 보면, 몸
안에 일어난 정精의 기운을 뇌로 보낸다는 뜻인데, 이것을 위해서는
소주천小周天과 같은 기氣 수련의 기본적인 방법들이 몸에 익숙해 있
어야 한다.

주도酒道 가운데 '술을 먹지 않아도 늘 먹은 것과 같은' 주선酒仙의
단계가 초고수에 속하듯, 성의 고수들 또한 '쾌락'의 단계를 넘어서
서 '하지 않으면서도 늘 그 절정에 머물러 있는 것과 같은' 단계가
있을지 모르겠다. 대다수 수련자들에게 있어서 환정보뇌를 통한 방
중 양생술의 완성은 아직 환상의 경지로 여겨지는 것이 사실이다.

PART **4**

부부 혁명

날마다
유쾌한 섹스를

**행복은
침실에서 시작된다**

새봄이 되면 집집마다 '입춘만복래立春萬福來'를 써 붙인다. 작년보다 나은 새해를 기원하기 위해서다. 평소 무심히 살던 사람이라도 이때만큼은 옷깃 한 번 더 여미며 마음가짐을 새롭게 하려고 노력한다. 작년보다 더 잘살고, 작년보다 더 행복하고, 작년보다 더 많이 웃는 해를 살고 싶은 건 모든 사람들의 공통된 소망일 것이다.

사람마다 제각기 다른 소망이 있겠지만, 가장 많은 사람들이 기원하는 보편적 소망은 단연 가족의 행복일 것이다. 대다수 보통 사람들에게 인류 평화며 나라의 번영 같은 거창한 소망은 그리 중요치 않다. 가족이 먼저 행복한 뒤에야 국가도 있고 인류도 있는 것 아니겠는가.

가족이 행복하기 위한 첫 번째 조건은 뭐니 뭐니 해도 건강이다. 설날 아침 세배를 나누는 자리에서도 빠지지 않고 오고 가는 덕담이 바로 건강이다. 그 다음은 화목이다. 부부가 화목하면 가족이 화목해지고, 가족이 화목하면 자식 농사도 절반은 이미 성공한 셈이다. 집집마다 새해 다짐으로 가화만사성家和萬事成을 새기는 것도 그 때문일 것이다.

화목이란 몸도 마음도 함께 화합됨을 뜻한다. 마음이 화합하면 몸이 화합되고 몸이 화합되면 마음도 쉬이 화합된다. 그 지름길은 무얼까. 마음의 여유와 물질의 여유도 중요하지만, 그 모든 것을 동시에 얻는 최고의 방편은 사랑과 건강이다.

사랑은 마음을 너그럽게 하고 서로를 이해하게 하며 나아가 자신과 남을 편안하게 한다. 이런 마음이 있으면 사람의 관계가 원만해지지 않을 수 없다. 마음이 편안하면 몸도 편안해진다. 몸이 편안하다는 것은 건강에도 좋은 신호가 된다. 정신적으로 너그럽고 몸이 건강하다면 각박한 생존경쟁의 환경을 넘어가는 데 큰 힘이 될 것이다. 아이들의 입시경쟁조차도 건강이 뒷받침되어야 어렵잖게 치러낼 수 있다. 건강해야 남편의 남자 노릇, 아내의 여자 노릇을 톡톡히 해낼 것이니, 세상에 부러울 게 없을 것이다.

고전 『황제내경』에 의하면 원만한 성생활은 몸의 건강을 지키는 데도 필수적이다. "몸은 멀어도 마음만은 가깝다."고 말하는 사람도 없지 않지만 그것은 가식적인 얘기일 뿐이다. 편안한 마음이 몸의 건강에 도움이 되는 것은 사실이지만, 동시에 몸이 강해야 마음도 편안해진다. 몸과 마음은 서로 긴밀하게 영향을 주고받는다. 서로에게 원인이기도 하고 결과이기도 한 셈이다. 좀더 행복한 삶을 바란다면, 새해에는 부부관계를 먼저 가꿀 일이다.

재미가 없으면 섹스가 아니다

40대 초반의 미모의 K부인이 불감증을 치료하고 싶다며 진료실을 찾았다. 그녀는 결혼해서 자식을 둘 낳고 10여 년을 살면서 남들이 이야기하는 오르가슴에 대해 막연한 동경을 가지고 있었다.

환자를 치료하기 위해서는 클리닉의 특성상 환자의 성생활 패턴에 대한 자세한 문진이 필요하다. 여러 가지 궁금증을 물어가면서 나는 그녀가 결코 불감증 환자가 아니라는 사실을 알 수 있었다. 요즘 세상에도 전희란 전혀 없고 남편이 내키면 아무 때나 올라와서 삽입하고 몇 번 왕복하다 내려오는 일방적인 섹스를 갖는 사람들이 있다니……. 어느 여자가 오르가슴은 고사하고 흥분이나 제대로 느낄 수 있겠는가. 어떤 때는 삽입도 제대로 못한 채 질 입구만 문지르다 그냥 잠들어버리는 남편. 그녀가 약간이나마 성적인 쾌감을 맛본 것은 2번 정도가 고작인데, 그것도 무의식적으로 꿈결에 해본 자위를 통해서였다고 한다.

성적으로 불감증이라 말하는 여성은 의외로 많다. 그 자신의 신체적, 생리적 장애가 원인일 수 있지만 그보다는 쾌감을 느낄 기회를 가져보지 못해 불감증으로 오인되는 경우가 월등히 많다. 어떤 작가는 남자를 '생산재'와 '소비재' 두 종류로 구분하기도 했다. 권위적이며 돈 버는 일에만 열중하고 골프를 빼면 이렇다 할 취미생활이 없는 생산재와 돈 버는 능력은 떨어지지만 옆에 있으면 즐겁고 편하며 여성이 무엇을 원하는지 제대로 아는 소비재. 능력 있고 착실한 남편과 살면서도 무언가 허전함을 호소하는 아내들이 많다. 생산재이면서 소비재로서도 기본 점수 이상이라면 이상적인 남편이 될 수 있지 않을까.

이상적인 섹스는 마치 놀이동산에 놀러가는 것과 같아야 한다. 여러 종류의 급행열차, 맛있는 음식들 그리고 마지막 시간을 장식하는 한밤중 불꽃놀이까지. 그러면서도 줄을 서서 기다릴 필요 없이 단 둘만이 전용의 프로그램을 즐길 수 있는 것이니 더욱 좋은 것이다. 정말 멋지지 않은가?

요즈음 여유 있는 40대 남성들의 관심이 "섹스를 얼마나 재미있게 하느냐."에 있다고 한다. 발기부전이라는 것은 남성 자신의 문제만이 아니다. 치료에 대해 무관심한 남편은 남편으로서 직무유기나 다름없다. 자신의 몸은 현실 속에서 살아가면서도 마치 '득도'나 한 것처럼 "나는 그런 것에는 생각이 없다."고 변명하는 것은 옹색하다. '할 생각이 없다.'는 것과 '자신이 없다.'는 것은 분명 서로 다른 것이다.

**서로 존중해야
사랑도 튼튼해져**

얼마 전 신문을 보다가 흥미로운 통계조사를 보게 됐다. 여성부가 발표한 것인데 요즘 남편들의 10명 중 3명이 아내에게 구박을 받고 있다는 내용이었다. 여성부가 혼인 경험이 있는 전국 성인 남녀 6,000여 명을 상대로 조사한 결과 기혼 남성의 31.2%가 부인으로부터 비아냥과 가정 내 왕따 등으로 정신적 고통을 받은 적이 있는 것으로 밝혀졌다고 한다.

또 아내로부터 신체적 폭행을 당한다는 남편도 3.6%가 되었다. 실제 경찰에 신고되는 매맞는 남편들의 피해도 해마다 크게 늘고 있는 모양이다. 여성의 사회활동이 늘어나면서 전통적인 가족 내 역학관계는 양태가 크게 변해가고 있다.

과거에는 남편이 어른으로서의 구실을 하든 못하든 또 아내에게 남자로서의 구실을 하든 못하든, 남자는 집안의 가장이라는 사회적 규범이 남편의 위상과 체면을 보호해주었다. 그러나 가장으로서 행실이 분명치 못하거나 경제적 능력이 없거나 남편으로서 성적 역할을 다하지 못하면 여지없이 가족들로부터 따돌림을 당할 수도 있는 것이 '남녀평등시대'의 부인할 수 없는 풍속도가 되었다.

사실 남성들은 지나간 수세기 동안 사회가 부여하는 막강한 우선권을 누리는 대가로 그에 상응하는 많은 짐을 지고 살았다. 남편으로서, 가장으로서 권위를 잃지 않기 위해서는 남모르는 고통을 홀로 감내하며 고군분투해야 했고 남자들은 그것을 영예로 여겼다. 하지만 그 짐은 이제 홀로 감당하기에 너무나 어려운 시대가 되었다.

생존경쟁은 더욱 치열해져 30~40대에 직장에서 밀려날 수도 있는 살벌한 경쟁터에서 자신의 능력을 고수하기란 쉽지가 않다. 그러한 스트레스는 성적 능력마저 저하시키는 결과를 가져왔고, 이 때문에 남성들은 중년이 되기도 전에 자신의 권위를 잃는 악순환이 시작되었다.

남성들 스스로가 삶의 여유와 행복을 무한경쟁을 통해서가 아니라 서로 사랑하고 존중하는 삶에서 찾아나갈 수 있는 인식의 전환이 필요하지 않을까. 따지고 보면 무한경쟁에서 무한히 승리를 쟁취한다는 것은 누구에게도 불가능한 일이다.

여러 학자들이 성은 바로 생명력과 직결된다고 믿고 있다. 성적 에너지가 충만하다는 것은 바로 강한 생명력이 있다는 것을 의미하며 이러한 에너지가 있을 때 비로소 성생활도 사회적 경쟁력도 강화될 수 있다는 것이다. 그런 점에서 '남성에게 힘을 주는 의학'은 그 중요성이 날로 높아가고 있다.

여자와 남자, 누가 더 좋아?

신들의 낙원 올림포스 동산에서 제우스 신과 그의 부인 헤라 여신이 휴식을 취하고 있었다. 모처럼의 휴일이라 점잖게 같이 어울린 것은 좋았는데, 화제가 남녀관계에 이르자 이들의 대화는 양보할 수 없는 설전으로 발전했다. 화제는 단순했다. 남자와 여자가 그 일을 즐길 때, 어느 쪽이 더 큰 쾌락을 느끼겠는가.

"남자는 거의 서비스를 하는 거야. 즐거워서 하는 게 아니라고. 여자의 즐거움을 위해 약간의 즐거움을 대가로 노력봉사를 하는 거라니깐."

제우스의 말에 헤라도 지지 않고 맞섰다.

"흥, 남자가 숨이 넘어가도록 쾌감을 느끼는 순간에도 가엾은 여자들은 약간의 즐거움을 느낄 뿐이야. 남자의 체면을 생각해서 즐거운 척하는 것일 뿐이니 착각하지 말아요."

그날따라 신들의 왕과 왕비는 한가했던 걸까. 이 한가로운 의견차에 결론을 내리기 위하여 심판관을 불러오기로 했다. 지상의 인간세계로부터 심판관으로 불려온 사람은 테이레시아스라는 남자였다. 성을 즐기는 데 여자가 느끼는 쾌감과 남자가 느끼는 쾌감을 비교하기 위해서는 두 가지를 다 경험해본 사람이 필요하다. 테이레시아스가 바로 그런 사람이었다.

그는 젊어서 산길을 걷다가 길 한가운데서 교미 중인 뱀을 발견했다. 그 열정적인 광경에 샘이 나서 그랬는지 모르지만, 테이레시아스는 들고 있던 막대기를 내리쳤다. 그 바람에 암컷이 머리를 맞고 비명횡사해버렸다.

한창 운우지정을 나누다가 암컷을 잃은 수컷은 눈에 독기를 품고 테이레시아스를 노려보았다. 신화 속의 뱀이니까 마법이 있었던 모양이다. 테이레시아스는 그 자리에서 여자로 변하고 말았다.

그러거나 말거나 여자의 삶이 궁금했던 테이레시아스는 그 길로 번화한 도시를 찾아갔고, 거기서 온갖 남자들과 관계를 경험하며 여자의 삶을 즐겼다. 꽤 즐거웠던 모양이다. 성전환을 고민하지 않고 가만히 그 생활을 계속한 걸 보면……. 7년이 지나서야 테이레시아스는 바람을 쐬고 싶어 다시 숲으로 갔다.

그런데 이 숲에는 7년 전과 마찬가지로 뱀들이 여기저기서 노상쾌락을 즐기고 있었다. '그녀'는 또 막대기 하나를 주워들고 교미 중인 뱀을 내리쳤다. 이번에는 수컷이 죽었고, 암컷의 저주를 받아 다시 남자로 돌아왔다.

"그래, 관계를 가질 때 남자가 느끼는 쾌감과 여자가 느끼는 쾌감 가운데 어느 쪽이 더 크고 깊더냐. 오직 진실을 말해다오."

테이레시아스는 망설임 없이 대답했다.

"온전한 쾌감을 10으로 본다면, 여자가 느끼는 쾌감은 9에 가깝고 남자가 느끼는 쾌감은 1 정도에 불과합니다."

성질 꽤나 급한 헤라 여신은 순간 불같이 화를 내면서 그 자리에서 테이레시아스에게 앞을 보지 못하는 징벌을 내렸다. 제우스는 덕분에 한판승을 올렸지만 헤라를 말릴 수는 없었다.

대신 제우스는 다른 방법으로 보상을 했다. 테이레시아스의 귀를 밝게 하여 새들의 말을 알아들을 수 있게 해준 것이다. 자동으로 길을 안내하는 지팡이도 하나 주었다.

이때부터 테이레시아스는 그리스 신화 가운데 가장 유명한 예언자

중 한 사람이 되었다.

그건 그렇고, 남자나 여자나 어째서 "내가 느끼는 쾌감이 더 부족해."라는 주장을 하고 싶어하는지 모르겠다. 아무래도 "내 서비스가 부족했어."라고 인정하고 싶지 않아서 그런 건 아닐까. 남자나 여자 모두에게 이상적인 섹스를 말하라 한다면, '여자도 10, 남자도 10'의 쾌감에 이르는 섹스가 되어야 하지 않을까.

성생활을 개혁하라

부부는 '남남'이다

부부란 아무리 친해져도 '남남'이란 전제를 잊지 말아야 한다. 『장자莊子』에 "부모형제는 수족과 같고 아내는 의복과 같다."는 말이 있고, 성서의 잠언에도 부모자식은 수족과 같은 존재이나 아내는 의복과 같은 존재라는 말씀이 나온다. 이 말이 씌어진 시대의 가부장적 문화를 감안하여 현대식으로 해석하자면, 남자에게 아내만이 아니라 여자에게 남편도 의복과 같은 존재라고 바꿔 말할 수 있을 것이다.

수족과 의복의 차이는 자명하다. 수족은, 설사 그것이 가장 하찮은 손가락 하나라 할지라도, 함부로 잘라내기가 어려운 일이지만 의복은 맘에 들지 않으면 얼마든지 갈아입을 수 있는 것 아닌가. 실제 삶에서

부모자식 사이는 의절을 해도 서로 남남이 될 수 없는 반면, 이혼했거나 헤어진 부부 사이는 금세 남남이 되고 마는 것을 볼 수 있다.

이런 논리로 이별이나 이혼 같은 게 정당하다고 주장하려는 것은 아니다. 이별에는 얼마나 큰 고통과 경제적 사회적 부담이 따르는가. 그보다 더 힘든 것은 인간으로서 서로를 배신하는 행위라는, 인간적 가치가 파괴되는 데 따른 고통일 것이다. 그러니 배우자란, 평생을 입기로 작정한 가죽옷이라 생각하고 아예 벗어던질 생각을 안 하는 게 상책 중의 상책이다. 게다가 배우자는 내 뼈 중의 뼈요 살 중의 살인 내 자식에게 또 하나의 부모가 아닌가.

하지만 상대를 '가만히 두어도 변하지 않는 존재'로 마냥 믿어 서로에 대한 성의를 다하지 않는다면, 이것은 차라리 서로 작별하여 상대를 자유롭게 해주느니만 못한 '고문'이 될 수도 있다. 배우자는 '종신 고용된 머슴'이나 '잡아놓은 물고기'가 아니다.

다른 인간관계에 비하여 부부관계가 갖는 가장 큰 특성은, 두 사람이 동거하면서 두 사람 사이에서만 생식활동을 갖는다는 약속이라 할 수 있다. 그들 사이에 다른 누구를 끼워서 함께 살거나 배우자가 아닌 상대와 성관계를 갖는 일도 비일비재하게 일어나고 있는 게 사실이지만, 아무래도 상식이나 보편적 도덕률에 어울리는 일은 아니다.

그런데, 서로 이러한 도덕적 사회적 의무관계에 있는 것을 구실 삼아 상대로 하여금 절대 한눈을 팔지 못하도록 강제하면서 여기에 마땅히 있어야 할 성생활을 등한시하여 상대로 하여금 심신의 불만과 외로움을 겪게 한다면, 이것도 그리 윤리적인 일이라 할 수는 없을 것이다. 서로가 충분히 양해하고 어느 쪽이든 큰 불만이 없는 경우라면 굳이 윤리를 따질 필요도 없겠지만, 어느 한쪽의 소극적 태도로 인하여 섹스리스 상황이 상대에게 강요되는 경우라고 한다면 성을 기피하는 쪽은 한번쯤 심각하게 그런 생활의 윤리적 정당성을 반성해볼 필요가 있다.

부부 간의 불화나 이혼도 대체로 어느 한쪽에 의해 강요된 금욕생활과 무관치 않다는 것이 전문가들의 추정이다. 성생활이 만족스러운 부부들은 여간해서 서로 헤어지는 일이 드물다는 것이 이를 뒷받침한다.

살아 있는 생명체들이 모두 성적 활동을 필요로 하는 것은, 생명이란 자체가 끊임없는 음과 양의 교류에 의해 건전하게 유지될 수 있기 때문이다. 성적 욕구는 살아 있는 동안 계속해서 일어나야 정상이고, 건강할수록 그것은 활발하게 일어난다.

부부는 가족이기 때문에 성적 흡인력이 점차 약화될 수 있으나, 근원적으로 서로 남남이라는 생각을 잊어버리지 않는다면 배우자에게 여전히 자극적인 이성으로서의 지위를 유지할 수 있을 것이다. 기왕이면 좀더 매력적인 이성, 좀더 능력 있는 이성으로서 남편이든 아내든 자기 배우자를 설레게 할 수 있는 '자기관리'야말로 가장 사이가 깊은 연인으로 평생을 해로할 수 있는 지름길이 될 수 있지 않을까.

**배우자는
소유물이 아니다**

부부 간의 성적 평등이 새로운 관심사로 떠올랐다. 정부가 부부 간에 강간을 죄로 명시하는 가정폭력특례법 개정안을 내놓은 것이 계기다. 여러 사례들을 보면 부부 간에도 상대가 원하지 않는데도 폭력이나 협박을 수단으로 성관계를 강제하는 사례가 적지 않은 모양이다. 부부란 서로 섹스 요구에 응해야 할 의무를 지닌 사이로 인식되고 있지만, 유감스럽게도 이것이 남편의 일방적인 권리로 인식되고 있는 것도 사실이다. 특히 국내의 조사에서는 여자들이 남편에 의한 성적 폭력에 적지 않게 시달리고 있는 것으로 나타나고 있다. *참조 : 2002년 인제대 박정란 교수가 실시한 전국 가정폭력상담소와 쉼터 이용자에 대한 가정폭력 사례 분석이 대표적이다. 응답자 281명 중 62.6%(176명)가 부부 간 '강압적 강간'을 당한 경험이 있고, 성관계에서도 '구타와 욕설을 동반한 강간' 29.9%, 팔다리를 묶거나 몸속에 이물질을 넣는 등 가학적 강간을 당한 경우도 18.1%에 이르는 것으로 나타났다.

절반 이상의 부부가 강압에 의한 섹스를 가진 적이 있다는 것은 부끄러운 통계지만, 그나마 부부 간에 '강간'이란 개념이 구체화되었다는 것은 우리 사회도 이제 어느 만큼 의식이 깨어나고 있음을 보여준다. 실제로 법정에서도 어느 일방에 의한 강압적인 성관계를 '강간' 또는 '준강간'으로 인정하는 판례가 늘고 있다.

전통적인 가부장적 사회에서는 아내가 남편의 성적 요구를 거부하거나 그에 대해 불평한다는 것은 있을 수 없는 반란쯤으로 여겨졌을 것이다. 일단 그런 문제로 소리가 나는 것 자체를 부끄럽게 여겼기 때문에 여성들은 아무리 내키지 않아도, 혹은 그 행위가 혐오스럽게 느껴지는 순간에라도 '주인'인 남편에게 몸을 내맡기는 것을 미덕으로 삼았을 것이다.

남녀의 결혼은 한 가정을 이루는 데 뜻이 있다. 한 사회의 최소 기본 단위로서의 새 공동체를 구성하는 것이다. 따라서 남녀의 만남으로 이루어지는 가정이란 지역사회와 국가, 나아가 온 인류의 건강한 관계를 형성하는 데 중요한 요소다.

부부 간에 건강한 관계를 위해 성생활은 빠질 수 없는 요소지만, 그것이 부부관계의 필요충분조건이라고 할 수는 없다. 성생활은 부부관계의 한 부분으로서 존중되고 유지되는 것이라는 인식이 바람직할 것이다. 만일 부부 간의 관계에서 여전히 남성은 지배자, 여성은 종속적인 지위라는 인식을 벗어나지 못한다면 남편이 기운이 빠진 뒤에 아내로부터 버림을 받는 '황혼 이혼'은 앞으로도 줄어들지 않을 것이다.

성은 부부 간에 갖는 여러 대화와 소통의 수단 가운데 하나다. 상대를 인격적으로 존중하는 가운데서 고운 말과 즐거운 대화가 이루어지듯이 서로의 몸을 소중히 여기고 의사를 존중하는 가운데서 즐겁고 따뜻한 성생활이 가능해진다. 가화만사성이 이루어지는 것도 여기서부터다.

**중년의 성,
개혁은 가능하다**

사람이 자면서 꾸는 꿈에는 평소 혼자 하는 생각이나 감춰진 욕구가 반영돼 있다.

"우리 집 아파트 베란다에 서 있었어요. 앞 건물은 커다란 스포츠센터였어요. 넓은 유리창 안으로 수영장이 훤히 들여다보였어요. 물속까지 들여다보일 정도로 맑은 풀 안은 마치 바다같이 넓고, 해초며 암초들까지 있더라고요. 그 안을 몇 명의 멋진 여자들이 유유히 헤엄을 치고 있었어요. 누가 가르쳐준 것이 아닌데도 나는 저 수영장은 능력이 있는 사람들만 들어갈 수 있는 곳이라고 생각하면서 부러워하고 있었죠. 그때 아주 커다란 독수리가 상공을 날고 있었어요. 독수리가 아니라 솔개였을까요. 빠르면서도 힘찬 모습이었어요. 내가 다급하게 남편을 불렀죠. 빨리 나와서 저 솔개를 좀 잡아달라고 했죠. 남편이 웬 총을 갖고 있더군요. 그런데 사냥용 엽총이 아닌 권총이어서 제대로 겨냥이 어려웠나봐요. 몇 발을 쏘았는데 총알이 빗나가고 놀란 솔개가 우리를 향해 달려드는 바람에 꿈에서 깨었답니다."

꿈에서 물이나 수영이란 섹스와 결부돼 있다. 어떤 여자들, 이를테면 섹시한 여자들이 현란한 섹스를 즐기는 데 반하여 자신은 그것을 즐기지 못하는 데서 오는 부러움과 열등의식이 반영된 것이라고나 할까. 어쩌면 이런 꿈을 꾸기 얼마 전쯤 〈북회귀선〉 같은 영화를 보았거나, 친구들이나 이웃 여성들로부터 화려한 성생활에 대한 얘기를 듣고 부러움을 감추었을지도 모르겠다. 남편에게 빠르고도 힘찬 솔개를 잡아

달라고 부탁하는 것은 남들이 수영장을 누비는 것과 같은 화려한 섹스를 기대하는 것을 의미한다. 프로이트의 방법으로 해석하면 총이란 것은 남성의 성기에 해당한다. 이 여성은 자신의 성이 만족스럽지 못한 것은 남편의 물건이 권총처럼 짧거나 작기 때문이란 생각을 은연중에 갖고 있는 것 같다. 만일 총의 길이보다도 '탄환이 힘없이 날아가는 바람에'라고 설명했다면, 그것은 남편의 정력에 문제가 있다고 생각하고 있는 경우일 것이다.

10년 이상을 같이 산 중년의 부부에게서 성생활이 시들해지는 현상은 흔히 나타난다. 그런데 많은 부부들이 그것을 되살리려 노력하지 않는 것은 이상한 일이다. 시들해진 성생활은 서로에 대한 인격적 관심마저 시들하게 만들어 은연중 두 사람 사이에 마음의 장벽을 높이 쌓는 원인이 될 수 있다. 부부 간에 성생활이 시들한 상태란 오래 방치해 두기에는 너무 심각한 문제라는 인식을 가져야 한다.

부부의 성생활이 뜸해지는 것은 대개 결혼 후 10년을 넘어설 무렵부터다. 체력적인 문제도 있고 서로 식상하다는 문제도 있겠지만, 직장 여건이라든가 친구 관계 등, 사회 문화적 환경도 딱 이맘때쯤의 부부들에게는 대개 성생활을 돕기보다는 좀 방해되는 쪽으로 작용하는 경우가 많다. 때문에 마흔 전후의 시기에는 부부 간에도 성생활의 개혁이 필요한데, 안타깝게도 많은 부부들이 그 중요성을 놓치고 있다가 위기를 맞는 일이 흔하다.

중년에 파경의 위기를 맞는 부부들의 대다수는 자신들의 위기가 어디서 시작되었는지를 잘 이해하지 못한다. 그런데 전문 연구자의 입장에서 보면, 이들 부부의 위기는 대개 서로에게 성적인 관심이 멀어지는 데서 시작된다. 10년 이상 서로를 의지하여 살다보니 그것이 너무나 익숙하고 범상한 일로 되어버린다. 상대에게서 성적 자극이나 긴장감도 느끼지 못하고 고마움도 잊어버린다. 부부관계를 잠시 유보하거나 잊고 지내는 일이 '생활을 위해서'라는 명분 아래 양해되는 나머지 섹스리스의 습관에 익숙해지고 만다. 실은 이것이 부부 위기의 출발이 되는 예가 허다한 것이다.

한의사로서 사람의 행복에 관심을 갖다 보면, 이런 부부들이 성생활을 혁신할 수 있도록 도울 수 있는 일이 무엇인가를 종종 생각하게 된다. 물론 부부 스스로의 인식전환과 노력이 가장 중요하지만, 이런 노력 위에 전통 한의학으로부터 개발된 약재나 침구, 전립선 치료법 등으로 실질적인 도움을 줄 수 있다는 것은 다행스런 일이다.

여자의 칭찬은 수그러든 남성도 춤추게 한다

삼팔선, 사오정, 오륙도. 생업 전선의 관문은 점차 치열해지고 있다. 처진 어깨, 숙여진 머리. '사내 대장부'라는 말 한마디로 어떤 난관도 꿋꿋이 견뎌냈던 한국 남자들의 기상은 점차로 찾아보기 어렵게 된 것 같다. 이 전투에서 승리, 적어도 승부와 관계없이 당당하고 만족스런 전투를 치르기 위해 필요한 것은 자신감과 긍정적인 의식이다. 우선 집안에서부터 움츠러든 어깨를 펴보자. 부부생활에서도 낙천적이며 긍정적인 의식은 반드시 플러스 효과를 가져온다. 성 기능이 위축된 남성들 가운데는 실제로 자신의 능력에 대한 부정적 시각과 성 자체에 대한 부정적 철학을 갖고 있는 경우가 많다고한다. 예를 들어 부부관계에서 완벽한 발기가 안 됐을 때 "또 실패하면어쩌나. 아내가 실망할 텐데. 빨리 발기가 돼야 하는데……."라는 초조한 기분을 갖게 되면 정상적인 발기가 더욱 어려워진다. 한 번 실망스런 결과로 끝나게 되었을 때 "실패하고 말았구나."라는 좌절감에 휩싸이면 다음 기회에도 이 좌절감이 정신적 압박 요인이 되어 또 다른 실패를 가져올 수 있다.

실패의 경험이 되풀이되는 과정에서 신체 기능상 아무런 이상이 없던 사람도 원인 모를 발기불능 환자로 발전될 수 있다는 것이다. 부창부수다. 아내마저 "당신은 시원찮은 남자야."라고 부정적인 점수를 매겨버리면 그 남편은 차츰 아내 앞에만 서면 작아지는 '고개 숙인 남자'로 변하고 만다. 만일 긍정적인 사고를 가진 여성이라면 "오늘은 피곤한 모양이군. 다음에 잘해줘야 돼."라는 식으로 남편의 '가능성'에 비중을 두고 진심으로 격려할 것이다.

간혹 과다한 업무에 시달려 파김치가 되었다가도 아내 앞에만 가면 불끈 힘이 솟는다는 남자들도 많다. 필경 그 아내는 긍정적이고 낙천적인 성격의 소유자일 것이다. 입장이 바뀌어도 마찬가지다. 만일 어떤 남편이 아내에게 "당신하고는 재미없어."라고 말한다면 그것은 아내의 성에 대한 사형선고나 마찬가지다. 그런 남편을 위해 아내의 몸이 열릴 까닭이 있겠는가. 부부의 섹스는 점점 더 시들해지고 나중에는 살갗 닿는 것조차 혐오스런 관계로 변화할 수 있다.

"육체의 사랑은 정신의 사랑에 비하면 천박하고 추잡한 것이다."라는 철학을 가진 사람 역시 섹스에 열등생이 되기 쉽다. 인간의 몸은 놀라우리만큼 의식의 지배에 충성스럽기 때문이다. 어쩌면 성생활 초기 한두 번의 실패 경험에서 나온 '신도포' 기제일지도 모른다. 서로의 몸에 대해 칭찬하고 기대하면서도 실망의 표현은 극구 자제하는 배려와 예의를 지킨다면 부부는 서로에 대해 성적인 자신감을 잃지 않을 것이다.

**부부끼리
기죽이지 맙시다**

잠자리에서의 힘은 남자나 여자 어느 일방이 주도적으로 행사해서 되는 것이 아니다. 컨디션에 따라 남자가 주도할 수도 있고 여자가 주도할 수도 있다. 보통은 두 파트너가 서로 협조해나가는 것이 이상적이다.

생리적으로 남자가 먼저 달아오르기가 쉬운데, 이 때문에 전희에서의 역할은 남성이 더욱 적극적이다.

이때 여성은 어떻게 그 애무를 받아들여야 하는가. 전통적인 가치관, 즉 "여성은 수동적이어야 한다."는 생각을 갖고 있는 여성들은 남편이 애무할 때 심지어 팔을 어디에 두어야 좋을지도 몰라 매우 어색한 상태로 팔다리를 벌리고 단지 누워 있기만 하는 경우도 적지 않다. 아내에게 '정숙'을 요구하는 남편이라면 이런 아내의 반응에 마음이 놓이기라도 하는 것일까. 그러나 이러한 대응에 남편들은 일반적으로 불만스러워한다.

열심히 애무를 할 때, 기분이 나쁘지 않다면 여성도 마주 끌어안아줄 정도의 반응은 보여야 한다는 것이다. 마주 끌어안으며 희열의 소리를 내는 것은 물론이고, 더욱 완벽한 섹스가 되기 위해서는 여성 스스로도 남성의 몸을 함께 탐색하며 애무하는 것이 좋다.

여성의 적극적인 반응은 남성을 더욱 흥분시킬 뿐 아니라 보다 강해지게 한다. 남자들은 파트너의 반응에 따라 자신의 정력마저 달라지는 것 같다고 말하기도 한다. 적어도 잠자리에서는 요부가 되어 남편의 성취감을 높여주는 아내가 바람직하다.

최악의 반응은 잠자리에서 남자를 기죽이는 행동이다. 남편에게 그저 몸을 내맡기고 두 팔을 늘어뜨린 '관찰자형 아내'들에게서 남편들은 "어쭈, 한번 해봐."라는 식의 느낌을 받게 된다. 이것은 은근히 자존심이 상하는 일이다.

막 좋은 일을 시작해보려는데 집안일 걱정을 꺼내는 센스 없는 아내도 좋지 않다. 남자란 "이제부터 시작."이라고 선언한다고 갑자기 불뚝 서는 존재가 아니다. 달아오를 때, 그것이 부적절한 시간과 장소가 아니라면 되도록 찬물을 끼얹지 않는 게 현명하다.

설사 애무가 시원치 않고 혹은 조루증으로 금방 끝내게 된다 하더라도, 특히 이 남자가 앞으로도 관계를 계속해야 할 남편이라면 아내는 절대로 그것을 비웃어서는 안 된다. "그것 밖에 못 해?"라든지 "잠이나 자."라는 식으로 말하면 남성은 자존심이 손상될 수 있다. 행위 중 자주 남성의 기를 죽이면 남성은 점점 더 무능해져, 실제로 무능력자가 될 수도 있다.

반면 여성이 불감이 되는 원인도 상당 부분 남성에게 있을 수 있다. 아내가 정숙하기를 원하는 나머지 성관계에서 좋다는 반응을 나타내는 것조차 싫어하는 남성은 아내를 성적으로 점점 더 무능하게 만들기 때문이다.

섹스 없는 부부의 상당수가 이같은 어느 한편의 일방적인 독주에서 비롯된다. 무능력한 남성이나 무감각한 여성의 성생활을 되살리는 치료가 실제로 신체의 치료보다는 많은 상담과 자신감 되살리기에 중점을 두는 것도 이 때문이다.

체질·질병 상태에 맞는 음식이 보약

'식이약食而藥'이라 하여 일상에서 먹는 음식이 약과 같은 것이라는 말은 고전에 속하는 상식이다. 음식을 보약처럼 먹는 최상의 방법은 역시 다양한 식품을 골고루 먹는 것이다.

만일 몸에 특정한 질환이나 질병이 생겼다면 약 처방을 받는 것과 함께 도움되는 식품을 일상 식단에 추가하는 것으로 더욱 빠른 개선 효과를 기대할 수가 있다.

매일 먹는 밥 한 가지만 예를 들더라도 비장과 위장에 허열이 있어 음식을 잘 토하고 신腎의 기가 허해 소변이 깨끗하게 잘 나오지 않고 남성이 약해졌을 때 좁쌀이나 옥수수쌀을 섞어 밥을 지으면 효과가 있다.

위장이 차가워 생기는 만성적 소화불량, 설사와 진땀이 나거나 여성의 대하에는 찹쌀밥이 도움되고, 기가 허해 오는 소화불량에는 보리밥이 도움되며, 성질이 따뜻한 수수는 만성 설사와 구토 증상을 개선한다. 마찬가지로 체질이나 질병 상태에 따라 그에 맞는 채소나 과일을 알아두고 즐겨 먹으면 건강 유지에 도움이 될 수 있다.

그러나 어떤 증상에 어떤 음식이 좋다는 소문만 가지고는 내게 맞는 음식을 구하기란 쉬운 일이 아니다. 사람의 질병은 표면상 똑같은 증상이 나타난다 하더라도 그 원인은 차가워서 온 것과 뜨거워서 온 것, 기가 넘쳐서 온 것과 부족해서 온 것으로 각기 상반되는 경우가 허다하다.

만일 증상의 원인을 정반대로 잘못 판단하여, 예컨대 뜨거워서 나타나는 증상에 열을 더하는 음식을 먹는다면 병은 더욱 악화될 수가 있다.

체질에 따라 먹는다는 경우도 있는데, 사람의 체질도 건강상태와 질병의 종류에 따라 언제든지 다르게 나타날 수 있는 것이므로 너무 고정관념처럼 따를 필요는 없다.

148

내게 도움되는 음식이라도 지나치게 먹음으로써 오히려 역효과가 나타나는 경우도 있다. 성질이 뜨거운 고추는 습사를 없애고 혈액순환을 도와 감기를 쫓는 데 도움이 되지만, 만일 몸이 허하여 땀이 많이 나는 감기라면 먹지 말아야 하며, 평소에도 너무 많이 먹으면 위와 간을 손상시킬 수 있다.

마늘 역시 따뜻한 식품으로 해독과 곪는 질환 등에 효과가 있으나 지나치면 간을 손상시키며 양기를 약화시킨다. 간이 손상되었을 때는 눈에 위해를 끼칠 수도 있다. 어혈을 없애고 신장을 따뜻하게 하여 정력제로 알려진 부추는 지나치게 먹으면 정신이 혼미해지고 눈이 어두워질 수 있다. 만능 영양제로 불리는 사과도 지나치면 심장과 신장에 부담을 줄 수 있으며, 배는 몸이 차가운 사람이 너무 많이 먹지 않는 게 좋다. 무엇이든 지나쳐서 좋은 것은 없다.

한방으로 치료하면 특히 효과가 좋은 성 기능 장애

남성의 조루, 발기불능, 성욕저하, 사정불능 등에 대한 한의학 처방은 그 효과가 매우 탁월하다. 이 증상들은 70~80% 이상이 정신적 긴장과 육체 피로에서 오는 양기 부족이 원인이기 때문에 체질에 맞는 적절한 처방으로 충분히 치유될 수 있다.

한의학에서는 과로, 무절제한 음주와 흡연, 인스턴트식품 남용 등 신체적인 원인이 혈로를 막고 심리적 억압 등의 정신적 요인이 정관을 열지 못하게 하여 발기불능, 사정불능이 찾아온다고 본다. 때문에 최근 발기부전으로 고생하거나 발기가 되더라도 사정이 안 되는 남성들은 심한 스트레스로 노기가 뭉쳐 간이 상해 있는 상태이며, 그 결과 정관까지 막혀버린 것으로, 이런 경우 우선 간에 뭉친 노기를 풀어주고 양기가 통하게 하는 약제를 처방하면 증상이 말끔히 사라진다.

IMF 직후 가장 급격히 증가한 성 기능 장애 환자들이 바로 스트레스로 인한 발기부전 환자들이었다. 최근 경기침체 속에서도 남성들의 스트레스성 발기부전은 크게 늘어날 가능성이 높다. 이럴 땐 위로는 마음을 편안하게 하여 심장을 보호하고, 아래로는 신기腎氣를 보강해주는 기양탕을 투여하고 음경에 기를 불어넣어주는 약침을 주입하여 90% 이상 효과를 볼 수 있다.

PART 5

강한 남성 만들기

기_氣죽지 말고 살자

남성이여 일어서라

우리나라의 남녀 평등지수는 전 세계 130개국 가운데 108위에 머물고 있다는 조사가 있었다. 2008년 세계경제포럼wef이 발표한 조사결과다. 물론 그럴만한 근거가 있어서 나온 수치겠지만, 그동안 국내 여성의 권리가 사회 각 부문에서 장족의 발전을 이룩하고 있다는 우리네 자부심에 비추면 너무나 낮은 평가란 생각이 든다. 그러나 이 결과는, 바꿔 말하면, 우리의 여성 권리에 대한 의식이 국제 사회의 평균에 비해 여전히 인색함을 의미하는 것일 수도 있다.

실제 현실에서 중요한 것은 남성과 여성들이 스스로 느끼는 체감 지수일 것이다. 여성을 보조적 존재(?)로 생각하는 데 익숙했던 남성들로서는 지금 정도의 변화만으로도 충분히 '상전벽해'라 주장하고 싶을지 모르나, 여성이 남성에 비해 조금이라도 차별받을 이유가 없다고 믿는 사람이라면 아직도 남녀평등은 턱없이 모자란 수준이라고 말하고 싶을 것이다.

외부의 평가를 떼어놓고 단지 우리의 과거와 현재를 비교한다면, 여성들의 사회활동이 눈에 띄게 활발해진 것은 사실이다. 여성들이 젊어서부터 당연히 그래야 한다는 듯 남성들과 대등한 경쟁을 펼친 결과, 우리 사회에서 여성 파워는 자연스럽게 강해졌다. 사회에 영향력이 있는 직업, 그동안 주로 남성들의 영역으로 여겨졌던 정치와 행정, 사법 등의 영역에도 여성들의 진출은 두드러진다. 단지 시험 성적으로 당락을 가르는 공무원 채용 등에서 여성의 수가 남성의 수를 앞지르고 있을 뿐 아니라, 삼군 사관학교에서도 우수한 여성 생도들이 성적의 상위권을 차지하고 있다. 대학 입학 때부터 임용시험에 이르기까지 경쟁이 치열한 학교 교사 선발에서도 여성들의 힘은 압도적이다. 오죽하면 '남자 교사'를 보충하기 위해 교사 선발에 쿼터제를 도입해야 한다는 주장이 나올 정도다.

한 가지 은근한 걱정이 생긴다면, 그에 반해 상대적으로 위축되어 가는 남성의 힘이다. 전통적으로 누려온 무조건적인 기득권을 포기해야 한다는 데는 재론의 여지가 없지만, 그 힘이 지나치게 위축되어 남성으로서의 역할마저 해낼 수 없게 된다면 문제가 아닐 수 없다. 그것은 한 개인의 문제며 가정의 문제일 수 있지만, 더 크게 보면 단지 개인사의 문제에 그치지 않는다. 위축된 남성의 능력은 성 능력의 위축으로도 이어진다.

거느린 처첩의 숫자로 남자다움을 과시하던 가부장적 권위의 시대까지는 아니더라도 최소한 한 여자를 만족시키고 한 가족을 책임지는 정도의 능력은 잃지 말아야 할 터이다.

눈에 보이는 사랑만이 여자를 사로잡는다 색色을 따르느냐 계戒를 따르느냐. 중국인 이안 감독의 영화 〈색, 계〉가 세간에 화제가 된 적이 있다. 일제치하에서 세도를 누리는 친일파 방첩대장을 민족주의 청년들이 살해하기 위해 미인계를 쓴다는 줄거리.

'미끼'로 선택된 여주인공은 방첩대장 '이易'를 유혹하는 데 성공하여 얼마 뒤 거사 장소까지 그를 유인하는 데 성공하지만, 그 순간 '이'의 사랑에 마음이 변해 그를 피신하게 함으로써 암살은 실패하고 만다. 조직을 배신하고 연정을 선택한 여주인공의 행동은 무엇이 가치 있는 삶인가를 따져보기에 좋은 논란거리다.

이 영화는 1940년대에 실제로 있었던 사건을 모티브로 한 원작소설에 의해 만들어졌다고 한다. 사랑이냐, 의무냐. 상황은 다르지만, 신파극 〈이수일과 심순애〉라든지 〈호동왕자와 낙랑공주〉를 연상시키기도 한다. 사랑 앞에서는 부모형제도 친구도 심지어 자기 자신까지도 희생할 수 있는 사랑. 어쩌면 사랑을 꿈꾸는 사람 가운데 많은 수는 이렇게

'지독한 사랑'을 꿈꾸는 것일지도 모른다. 단 한 번의 인연 때문에 연모하게 된 왕자를 만나기 위해 목숨까지 희생하는 〈인어공주〉는 또 어떠했나.

〈이수일과 심순애〉 신파극의 대사처럼 "김중배의 다이아몬드 반지가 그리도 좋더란 말인가." 하는 비난도 들을 수 있다. 그러나 그에 반박하는 여성들의 소리도 들을 수 있다. "여자는 오직 자신을 진정 사랑하는 자를 선택할 뿐이다." "다이아몬드 자체에 마음을 빼앗긴 것이 아니라, 그런 반지를 선물하고 싶을 만큼 자신을 소중히 여기는 남자의 마음에 감동하였던 것이다."라고.

세상을 지배하는 것은 남자지만, 그런 남자를 지배하는 것은 여성이란 말이 있다. 힘권력이든 돈이든이 있으면 세상을 다 가질 수 있다는 것이 남자들의 생각일지 모르지만 여자는 그런 것만으로 얻을 수 없다. 아무리 그 힘이란 것이 절륜한 정력을 의미하더라도 말이다.

만일 여자로 하여금 자신을 절대적인 연인으로 받아들이도록 만든 사람이 있다면, 그것은 권력, 재력, 정력 같은 하드웨어적인 힘에 의해서이기보다는 그러한 힘을 오롯이 한 여자에게 바치는 마음, 즉 사랑이라는 소프트웨어적 힘에 의해서였을 것이다. 다만 사랑하는 마음이 극진하더라도 그것을 표현할 수 있는 능력이 부족하다면 남자들은 자신의 열등감 때문에 자기 스스로 무너질 수 있다. 사랑하는 마음이 있다면 그것을 잘 나타낼 수 있도록 남자는 준비를 해야 한다. 자기 사랑을 보여주기 위하여 돈이 필요하다면 돈을 벌고, 외모가 필요하다면 외모

156

를 가꾸고, 체력이 필요하다면 체력을 기르는 '노력'을 해야 한다.

대개의 여자들은 사랑에 약한 편이지만, 그것은 가시적인 자기 관리로 사랑을 눈에 보이게 해주었을 때의 얘기다. 눈에 보이지 않는 '사랑 타령'만으로는 아내든 연인이든, 진실로 사로잡을 수 없다는 것을 남자들은 잊지 말아야 한다. 쇼를 하라, 쇼.

스트립 댄스 하는 60대 노인

술집에서 손님들을 위해 옷을 벗고 춤추는 스트립 댄서라 하면 당장 젊고 매끈한 S라인 몸매를 지닌 여성 댄서들이 떠오를 것이다. 하지만 외국에서는 여성들을 위해 춤추는 남성 스트리퍼들도 어렵잖게 찾아볼 수 있다.

한국 사람들이 많이 찾는 미국령 휴양지 괌에만 가도 여성 전용의 스트립바들이 있는데, 남성 스트리퍼들이 춤추는 술집은 바로 이런 곳이다. 한국 남성들에게는 익숙치도 않고 과히 유쾌하지도 않은 풍경일 테지만, 여성 전용 술집의 풍경은 남성들이 즐겨 찾는 국내 스트립바의 풍경과 곧바로 대칭적이다.

가벼운 팬티 하나로 아슬아슬한 곳만 가린 남성 댄서들은 도수 낮은 오색등이 번쩍이는 무대 위에서 여성 손님들을 위해 춤을 춘다. 여성 댄서들이 늘씬한 몸매를 자랑하듯 남성 댄서들의 몸은 보기 좋은 근육질이다. 댄서들의 프로필도, 사실인지는 모르겠지만, 대부분 공개돼 있다. 미식축구 선수 출신, 레슬러 출신, 미스터 유에스에이 입상자 등등.

남성 스트리퍼들의 춤은 여성 스트리퍼들의 그것처럼 섹시한 동작으로 이어진다. 그들은 대개 손님들의 허리보다 굵은 허벅지에 밴드를 하나씩 차고 있다. 여성 손님들이 지폐를 꺼내 꽂아주는 곳이다. 남성들이 즐겨 가는 스트립바와 다를 바 없는 풍경이다.

아마 여성 전용 바에서 즐기고 있는 아내를 본다면 웬만한 남성들은 더 이상 "불어터진 아내의 몸매에 식상하므로 스트립바에 다니면서 눈요기를 한다."는 식의 핑계를 만들기는 어려울 것 같다. 아내들이 "축 늘어진 남편의 몸매에 식상한 허기를 이 탄탄한 남성 스트리퍼들의 동작을 구경하는 것으로 때운다."고 할 때 기분 좋을 남자는 거의 없을 테니까.

마이애미의 한 여성 전용 클럽에서는 60대의 할아버지가 스트리퍼로 밤마다 무대에 오르고 있다고 한다. 대단한 노익장이라는 생각이 들 테지만 그렇게 된 사연은 비장하다.

본래 건장한 체격과 타고난 건강을 자랑하던 바르커라는 이름의 이 노인은 4년 전 전립선암 진단을 받았다고 한다. 미국에서는 남성암 가운데 가장 많은 것이 전립선암일 만큼 흔한 일이지만, 암이란 어떤 종류의 암이든 당사자에게는 청천벽력일 수밖에 없다. 몇 차례 수술을 받은 뒤 그의 몸은 수척해졌으며 완전히 기력을 잃게 되었다.

건강 때문에 직장까지 잃은 뒤 그가 건강을 되찾기 위해 새로 시작한 운동이 춤이었고 내친김에 해변 클럽에서 열린 스트립쇼 경연에 출

전해 우승을 차지한 뒤 부업으로 스트립 댄스를 계속하게 되었다고 한다. 그가 역경을 극복한 노익장으로 젊은 사람들에게도 희망을 주는 것은 사실이지만, 사족을 붙이자면 전립선은 건강할 때 잘 관리하는 게 최상이다.

일단 서야 폼을 잡지

"20대는 큰 척, 30대는 센 척, 40대는 노련한 척, 50대는 피곤한 척, 60대는 자는 척, 70대는 아픈 척, 80대는 죽은 척……."

젊은 시절에는 무언가 과시하고 싶어 안달하던 남자들이 중년을 넘어가면서는 회피하기 바쁜 모습을 잘 요약해 나타낸 우스개다. 나이가 들면 어쩔 수 없다. 반면 젊어서는 남편의 서툰 돌격에도 곧잘 숨이 넘어가던 아내들은 중년으로 접어들면서 비로소 그 맛을 즐기기 시작한다. 제아무리 힘을 자랑하던 천하무적 남편들도 40대를 넘기면서는 '기교파'로 전술을 바꾸기 시작한다. 남자들스스로 힘이 줄어들기도 하거니와, 이미 힘을 무기로 하는 공격에 익숙해진, 그러면서도 깊고 깊은 맛을 깨닫기 시작한 중년의 아내들을 그것만으로는 더 이상 만족시킬 수 없기 때문이다.

유럽의 여러 성 관련 센서스에서 40대들은 중년에 이르러 비로소 성의 깊은 맛을 제대로 즐길 수 있게 되었다고 응답하고 있다. 사실 우리나라에서는 믿을 만한 성 관련 앙케트가 제대로 이루어진 적이 없어 그렇지, 40세면 도달하는 중년기를 벌써 성을 마감해갈 시기라고 실제로 믿는 사람은 많지 않을 것이다. "이제 와 새삼 이 나이에 청춘의 미련이야 있겠느냐."는 한국 중년들의 노래는 표면상 점잖은 체면을 중시하는 '위선의 문화'와 관련이 있지 않을까. 실제로는 누구나 새삼스러운 청춘의 반란이 부럽고 그리운 것이다.

사실 40대 이후란, 유럽의 중년들이 말하듯, 비로소 성의 깊은 맛을 제대로 느끼고 즐길 수 있는 시기다. 진정한 섹스의 맛은 저돌성보다는 은근하고 다정스런 애무에 있는 것이므로, 청년기의 과도한 저돌성을 넘어선 중년 이후야말로 성생활의 절정을 열어갈 수 있는 기회라 할 수 있다. 성을 가르치는 동서양의 고전들 역시 힘보다는 기교를 중시하는 편이다. 그러나 그 어떤 전투에서도 마찬가지지만, 제아무리 놀랄 만한 기술과 기교를 알고 있다 하더라도 기본기가 허술해서는 무용지물일 수밖에 없다. 최소한 발기는 제대로 되어야 무슨 재주를 부려도 부릴 수 있는 것 아닌가. 그리고 그것은 상당 부분 남성 자신의 노력 여하에 달려 있다.

남성의 발기력은 영양 상태라든가 몸의 컨디션에 큰 영향을 받는데, 물론 그날의 컨디션에 따라 편차가 있을 수 있다. 그러나 일시적인 편차에 그치지 않고 자주 발기력이 떨어지는 것을 경험하게 된다면 오래 방치하지 않도록 해야 한다. 발기력의 약화는 주로 혈행과 관련이 있으며, 당뇨, 고혈압 등 성인병적 원인과 전립선 질환 등으로 인해 만성화되는 수가 많다. 심지어 발기가 필요할 때 전혀 되지 않는 '발기부전'이 나타난다 하더라도 초기에는 그저 일시적 현상에 그치는 경우가 많기 때문에 앞으로도 우연히 나아질 거라는 기대로 방치해두기 마련이다. 하지만 이것이야말로 위험한 선택이다. 자칫 영원한 '졸업'으로 이어질 수도 있기 때문이다. 일시적인 컨디션의 저하와 무관하게 발기부전이 자주, 그리고 오랜 시간 반복된다면 서둘러 의학적 도움을 받도록 해야 한다. 무엇보다 걷기, 뛰기와 같이 하반신을 단련하는 데 도움되는 운동을 중단하지 않는 것이 기본이다.

앉아서 뺏긴 정력 걸어서 되찾아라

하루 종일 의자에 앉아 일하는 사무직 남성들이나 매일같이 장시간 운전을 하는 사람들이 공통적으로 호소하는 문제가 있다. 시간이 갈수록 정력이 떨어진다는 하소연이다. 택시를 운전하는 사람들은 흔히 택시 연료인 LPG가 정력을 빼앗아간다고 말한다. 사무직 종사자들은 하루 종일 사용하는 컴퓨터가 원인이라고 직업을 원망(?)한다. 그러나 컴퓨터 작업이나 운전을 오래한 사람들도 아들 딸 잘 낳고 사는 경우는 흔하다. 이런 직업을 가진 사람들이 정력에 문제가 생길 수 있는, 명확하면서도 보다 큰 원인은 온종일 앉아서 지낸다는 데 있다.

걷거나 다른 운동을 하지 않고 주로 의자에 앉아서만 생활하면 회음부의 혈액순환이 어렵고 엉덩이에 땀이 차 습하게 되며, 공기순환이 잘 안 돼 음부의 온도가 올라가기 쉽다.

본래 남성의 페니스 조직은 해면체 안에 많은 실핏줄로 이루어져 있다. 활발한 혈액순환을 위해서다. 남성의 고환은 더운 것을 싫어한다. 그래서 어엿한 신체 장기면서도 몸 밖으로 나와 있는 데다 표면은 많은 주름 조직으로 되어 온도에 따라 표면적이 늘어나거나 줄어드는 방열 기능까지 갖췄다. 그런데 하루 종일 거의 앉아서 지내는 남성들의 경우 방열 기능이 제대로 작동할 수가 없다. 이것은 남성 기능을 잘 유지하기 어려운 원인이 된다. 40세 안팎의 나이에 벌써 발기의 곤란을 호소하는 것도 당연한 결과다.

고환, 페니스와 함께 남성의 3대 성기 중 하나인 전립선도 오래 앉아지내는 생활을 좋아하지 않는다. 앉은 자세에서는 상반신의 무게가 고스란히 항문으로 쏠리게 된다. 배 근육도 긴장이 풀려 있어 내장이 아래쪽으로 쏠리게 된다. 전립선이 그 무게에 눌리게 돼 기능이 떨어질 수밖에 없다. 술과 안주까지 습관적으로 즐긴다면 과잉 섭취된 콜레스테롤이 아랫배뿐 아니라 전립선 비대의 원인이 될 수도 있다. 회음부를 지지하는 PC근육은 앉은 자세에서 한껏 이완된다. 이런 습성이 오래 되면 근육은 탄력을 잃어 페니스를 지지하거나 사정을 조절하는 본연의 임무를 잘 수행할 수 없게 된다. 발기상태를 유지하지 못하거나 조루가 될 가능성도 높다.

주로 앉아서 지내는 사람들은 성적으로 비극적인(?) 이 직업의 약점을 무엇으로 보완해야 할까. 일단 걸어야 한다. 남성의 생식기관은 활

162

발한 혈액순환을 필요로 하므로 어떤 운동보다 서서 걸어다니는 것이 좋다. 의학자들은 늦어도 중년부터는 노년기까지 정상적인 정력을 유지하기 위해 하루 3km씩은 걸으라고 권한다. 새벽마다 남성을 일으켜 세우는 성 호르몬도 걷는 동안 가장 왕성하게 생산된다.

걷기는 자전거나 등산, 마라톤, 조깅에 비해 운동치고는 가장 손쉬운 운동으로 보인다. 해서 운동 효과도 그만큼 작으리라고 생각하기 쉽다. 하지만 걷기의 운동 효과는 기대 이상이다. 운동 연구가들은 적어도 일주일에 3일 이상, 한 번에 30분 이상의 거리를 걷도록 권고하고 있다.

걷기는 자전거, 등산, 마라톤과 같은 유산소운동의 일종으로, 소화기능부터 대사기능, 순환기능은 물론 근력의 유지와 정력 증강에도 확실히 도움이 된다. 게다가 다른 운동에 비해 몸에 무리가 갈 가능성이 훨씬 적기 때문에 몸을 마음대로 움직이기 어려운 노약자나 병약한 사람들도 그만큼 안전하게 할 수 있는 운동이다.

마라톤이나 등산 같은 운동은 관절이 약한 사람에게 오히려 악영향을 줄 수 있지만, 걷기는 체력에 맞는 거리와 시간을 넘기지만 않으면 그 자체로는 별 부담을 주지 않는다.

걷기를 통해 얻을 수 있는 가장 보편적인 이익은 심혈관계에 도움을 준다는 점이다. 사람이 걸을 때, 작은 발바닥 하나에 자신의 체중 전체가 실리면서 발바닥은 그 압력에 의해 자연스럽게 혈액 펌프 구실을 하게 된다. 하루 종일 앉아 있는 사람에게서는 피를 순환시키는 역할을 심장 혼자서 도맡아야 되지만, 발로 걷는 사람은 두 발바닥이 심장의 일을 훌륭히 보조하게 되는 셈이므로 그만큼 심장의 부담을 덜어준다. 걷기는 다리와 무릎 등에 적당한 압력을 느끼게 함으로써, 골다공증과 무릎관절 질환 같은 골격계의 퇴행성 증상을 늦추는 데도 도움이 된다.

무엇보다 중요한 것은 정력을 높여준다는 점이다. 혈액순환을 원활하게 돕는 것은 그 자체만으로도 성생활의 감도를 높이고 남성의 발기력을 높이는 데 도움이 된다. 뿐만 아니라 걷는 동안 회음부 주위에 기혈 순환이 원활해지며, 동시에 이 주위에 공기 순환도 원활하게 이루어질 수 있다. 유럽의 의학자들은 "남성의 생식기관은 활발한 혈액순환을 필요로 하므로 어떤 운동보다 서서 걸어다니는 것이 성 기능 유지에 도움이 된다."며 최소한 하루 3km 이상을 걷도록 권하고 있다.

몽정도 지나치면 병이다

남성의 힘은 새벽에 확인된다. 아무리 피곤하고 지쳐 있어도 몸이 휴식을 취하고 깨어나는 아침이면 남성은 무의식중에라도 반드시 한 번쯤 기지개를 켜기 마련이다. 기능상의 문제가 있는 경우가 아니라면……. 옛 사람들은 이것을 '생명 활동의 확인'으로 보았다. "새벽에 발기되지 않는 사람에겐 돈도 꾸어주지 말라."는 속담이 있었던 것을 보면, 새벽 발기도 제대로 되지 않는 사람은 살아갈 기운이 다한 것으로까지 여겼던 것 같다.

대개의 독신 남성들은 주기적인 자위를 통해 성욕을 해소하고 남성 기능을 확인한다. 성에 대한 관심이나 경험이 적어 자위를 하지 않는 경우에도 몸 안에 양기가 축적되면 수면 중 발기와 흥분을 통해 실제 사정에 이르게 된다. 이것을 몽정이라 한다. 예전에 보았던 잡지나 영화 속의 아름답거나 섹시한 여인을 상상하거나 혹은 직접 관계를 갖는 꿈을 꾸면서 그만 자기도 모르는 사이에 이부자리에 씩씩하게 발사하는 현상이다. 특히 사춘기를 지나는 청소년에게서 시작되어 청년기에 왕성하게 일어난다. 그렇다고 독신 남성에게만 일어나는 일은 아니다. 결혼한 사람이라 할지라도 얼마든지 몽정이 일어날 수 있고, 이것은 건강한 남성에게서 일어날 수 있는 지극히 정상적인 현상이다.

그러나 새벽 발기를 느끼지 못할 정도로 허약해진 상태에서, 그것도 지나치게 자주 몽정현상이 일어난다면 이것은 몽정보다는 유정遺精이란 말이 더 어울린다. 신체가 스스로 발사했다기보다는 제어가 안 돼 절로 흘러나온 것에 가까운 병리적 현상이기 때문이다. 이런 경우 성생활이 그리 뜸하지 않은데도 습관적으로 몽정이 반복되는 현상이 나타난다.

무의식중에 하는 사정이라도 일주일에 2~3회 이상 몽정이 계속된다면 문제를 가져올 수 있다. 정액을 소비하는 자체가 몸의 정혈精血을 소비하는 것이므로 과도한 성적 탐닉과 마찬가지의 부작용이 우려되는 것이다. 과도한 성적 탐닉은 십중팔구 신腎을 허하게 한다. 신이 허하면 허리가 부실해져 쉽게 요통이 생기고 힘을 쓰지 못하게 된다. 고전

『영추靈樞』에는 가슴과 윗배, 아랫배가 모두 아프고 팔다리가 싸늘해진 다고 씌어 있다.

한편으로 지나치게 잦은 몽정은, 그 자체가 이미 몸에 문제가 있음을 나타내는 것이기도 하다. 전통적으로 병적인 몽정은 신장과 심장 등 오장육부의 기운이 균형을 잃은 결과로 의심되었다. 특히 생식기능을 주관하는 신장 계통의 기운에 허점이 생긴 것이다. 신腎의 기운인 수기 水氣와 심장의 기운인 화기火氣가 서로 견제하고 조화하지 못하면 정精 을 스스로 잃게 된다. 그래서 나타나는 현상이 유정이다.

오늘날 몽정은 지나친 수음이나 음란물 접촉 등 습관에 따른 심리적 요인도 있는 것으로 지적되고 있다. 그러나 평소의 생활환경이나 습관 과 상관없이 자신도 모르게 계속되는 몽정은 신체의 기능적 문제를 나 타내는 현상일 수도 있으므로 검사를 받는 게 좋다.

때로는 포피염, 요도염, 전립선염 등 가려움을 유발하는 생식기 계 통의 질환이 잦은 몽정의 직접적인 원인이 되기도 한다. 무의식중에 긁으면서 성적 흥분이 유발되기 때문이다. 성생활 등 생활습관의 교정 과 함께 요도와 전립선의 세척과 치료 등 관리를 통해 외생식기의 상 태를 건전하게 유지하는 것도 지나친 몽정현상을 고치는 데 도움이 될 수 있다.

정력에 좋은 강장식품

먹으면 당장에 발기가 되고 정력이 좋아지는 식품은 없다. 그러나 전통적으로 '정력식품'이라 소문난 식품들 가운데는 그 성분과 효과가 과학적으로 입증된 것들이 적지 않다. 먹는 즉시 마법을 일으키는 것은 아니지만, 꾸준히 먹으면 혈액순환 개선이나 호르몬 분비, 스태미나 증진 등을 통해 간접적으로 정력 강화에 도움을 준다. 식물성 식품과 동물성 식품 가운데서 각기 10가지를 추려 소개한다.

정력을 도와주는 식물성 식품 Top 10

1. 마늘

마늘이 정력에 도움을 주는 이유는 크게 3가지로 나눠볼 수 있다.

첫째, 혈액순환을 원활하게 하여 정력을 강화하는 효과. 성 기능에서 가장 중요한 사항 중의 하나인 발기가 제대로 이루어지려면 혈액순환이 원활해야 한다. 마늘의 대표적 성분인 알리신은 혈관을 확장시켜 혈액순환을 원활하게 하고 혈압과 함께 콜레스테롤을 낮춰주는 효과가 있다. 특히 동맥경화 예방에 효과가 있는 HDL 콜레스테롤은 높여주고 몸에 나쁜 LDL 콜레스테롤과 중성지방은 낮춰준다.

둘째, 활력 증진. 알리신이 비타민 B_1 티아민과 결합하여 만들어지는 알리티아민은 탄수화물을 분해해 에너지를 만드는 데 중요한 역할을 하며, 신진대사를 활발히 하고 피로 회복에 도움을 주는 것으로 보고돼 있다.

셋째, 호르몬 분비를 촉진시켜 정력을 증진한다. 알리신이 교감신경 자극을 통해 남성 호르몬과 다른 호르몬의 분비를 증가시켜 성 기능을 증진시키고 남성의 정자 수도 증가시킨다는 보고가 있다.

2. 양파

프랑스의 호텔에서는 신혼부부에게 전통적으로 양파 수프를 제공한다. 양파에는 케르세틴이 많고 마늘처럼 자극적인 냄새를 내는 알리인도 들어 있는데, 이 성분들이 정력 증진에 중요한 역할을 한다. 케르세틴은 육류에 들어 있는 포화 지방산의 산화를 막고 혈액의 점도와 혈중 콜레스테롤을 낮춰준다.

3. 달래

달래의 매콤한 맛을 내는 황화알릴 성분은 남성 호르몬의 분비를 촉진하고 혈액순환을 원활하게 해준다. 달래에는 또 비타민 C를 비롯한 갖가지 영양소가 골고루 들어 있고, 특히 칼슘이 많아 혈관과 혈액의 건강에 도움을 준다.

4. 부추

부추의 별명은 기양초起陽草. 말 그대로 양기를 일으키는, 즉 정력을 북돋워주는 풀로 알려져 있어 불가의 스님들에게는 금기 식품으로 전해왔을 정도다. 부추에는 마늘과 양파 등 매운맛 식물에 공통으로 들어 있는 황화알릴이 들어 있다. 또 비타민 A, 비타민 B, , 비타민 C

등이 풍부해 '비타민의 보고寶庫'라고 불리며, 성 기능에 필요한 미네랄인 셀레늄과 칼슘, 칼륨도 풍부하다.

5. 마

마에 들어 있는 아르기닌은 발기에 중요한 작용을 하는 산화질소의 원료가 되는 물질이다. 아르기닌은 성장 호르몬의 분비를 촉진하기도 하며, 특히 정액의 구성 성분이기도 하다. 그밖에도 뮤신, 콜린, 비타민, 미네랄 등이 복합적으로 작용해 정력 증진의 효과를 나타낸다.

6. 시금치

시금치에 풍부한 엽산은 심혈관 질환의 원인 중 하나인 혈중 호모시스테인의 수치를 낮추는 작용을 한다. 호모시스테인 수치가 낮아지면 혈액순환이 원활해져 결과적으로 심장병과 뇌졸중을 예방하는 효과와 함께 발기력이 강화된다.

항산화 물질인 베타카로틴과 비타민 C가 풍부해, 암과 동맥경화증을 예방하고 노화를 방지하는 효능도 있다. 또 시금치에 들어 있는 마그네슘은 골다공증 예방의 효과가 있으며, 최근 주목받고 있는 항산화 물질인 코엔자임 Q-10도 들어 있다.

7. 토마토

최근 노화 방지 음식의 대표주자로 사람들의 입에 자주 오르내리며 각광을 받고 있는 토마토는 남성에게 특히 더 좋은 음식이다. 토마토는 가장 강력한 항산화 성분인 라이코펜을 함유하고 있다. 라이코펜은 면역력을 강화하는 효능은 물론, 심혈관 질환을 예방하는 효능도 있다. 무엇보다 중요한 것은 라이코펜이 전립선암을 포함한 전립선 관련 질환을 예방하는 효과가 크다는 사실이다. 전립선은 남성에게만 있는 분비샘으로 정액을 만드는 기능을 한다. 따라서 전립선에 문제가 생기면 직·간접적으로 정력에 나쁜 영향을 미칠 수 있다. 토마토가 남성들에게 좋다는 것은 바로 전립선 질환을 예방하는 효과가 있기 때문이다.

라이코펜의 흡수력을 높이기 위해서는 토마토를 가열하는 것이 효과적이므로, 날로 먹는 것보다는 소스로 만들거나 끓는 물에 익혀서 주스를 만들어 먹는 것이 좋다.

8. 아스파라거스

아스파라거스는 생긴 모양새가 남성의 성기를 닮아서 서양에서는 예로부터 정력제로 여겨졌다. 특별한 정력 강화 성분이 들어 있는 것은 아니지만 풍부하게 포함된 아스파라긴산을 비롯해 비타민 C, 비타민 B_1, 비타민 B_2와 칼슘, 인, 칼륨 등의 무기질이 풍부해 간접적으로 정력에 도움이 되는 식품이다.

9. 오트밀

오트밀이란 귀리를 볶은 다음 죽처럼 조리한 음식을 말하는데, 서양에서는 예로부터 강장식품으로 알려져 있다. 오트밀에 풍부한 양질의 단백질과 비타민 B_1, 비타민 B_2는 활력을 증진시키는 효과가 있고, 섹스 미네랄인 아연은 남성 호르몬의 분비를 촉진시켜 정력에 도움을 준다.

10. 참깨

섹스 미네랄로 불리는 아연과 셀레늄, 칼슘이 많이 들어 있다. 비타민으로는 E와 B_1이 많이 들어 있는데, 비타민 E는 혈액순환을 돕고 비타민 B_1은 체내 탄수화물의 대사를 도와 활력과 에너지를 만드는 기능을 한다. 따라서 주로 곡물, 즉 밥을 많이 먹는 우리나라 사람들에게는 꼭 필요한 성분이라고 할 수 있다.

정력을 도와주는 동물성 식품 Top 10

카사노바가 즐겨 먹었던 굴, 남성의 양기를 북돋워주는 새우, 중국 4대 해물 강장식인 전복 등 동물성 식품들의 화려한 수식어는 이미 그 효능이 널리 알려져 있다는 것을 보여준다. 식물성 식품들과 달리 동물성 식품에 대해서는 콜레스테롤 수치를 우려하는 경우도 많다. 하지만, 여기 소개된 10가지 동물성 식품들은 대개 양질의 불포화지방산을 갖고 있어 오히려 동맥경화 예방에 도움이 되기도 한다. 정력을 위해서라면 마음껏 먹어도 될 것 같다.

1. 굴

카사노바가 자주 먹었다고 하는 굴은 동서고금을 통틀어 가장 유명한 정력식품이라고 할 수 있다. 굴이 정력에 좋은 이유는 바로 미네랄인 아연 때문이다. 아연은 남성 호르몬의 분비와 정자 생성을 촉진시키는 미량 영양소로 셀레늄과 함께 '섹스 미네랄'이라고 불린다. 발기를 일으키는 산화질소의 원료이자 정자의 중요한 구성 성분인 아르기닌도 많이 들어 있다. 또 다른 아미노산인 타우린은 웬만한 자양강장제에는 필수적으로 들어가는 성분으로, 간의 해독작용을 도와 피로 회복과 활력 증진에 도움을 준다. 굴은 단백질, 지질, 당질, 그밖에 비타민, 미네랄 등으로 구성되어 있고, 당질의 대부분이 글리코겐인 것이 특징이다. 글리코겐은 섭취하면 대사 작용을 거치지 않고 체내에 그대로 흡수되기 때문에 빠른 피로 회복과 활력 증진 효과가 있다.

2. 새우

"총각은 새우를 삼가야 한다."는 말이 있을 정도로 새우는 예로부터 남성의 양기를 북돋워주는 식품으로 생각돼왔다. 새우가 정력에 좋은 이유는 양질의 단백질과 칼슘을 비롯한 무기질, 비타민 B 복합체 등이 풍부하기 때문이다. 새우에는 메티오닌, 리신을 비롯한 8종의 필수아미노산이 골고루 들어 있다.

새우 특유의 붉은빛을 내게 하는 아스타산틴 색소는 카로티노이드 계열의 천연 색소로 활성산소에 대항하는 항산화 능력이 비타민 E

보다 500배나 강하다. 또 새우 껍질에 들어 있는 키토산은 노화 방지와 함께 콜레스테롤을 낮추는 효과가 있다.

3. 전복

맛은 물론 영양이 뛰어나서 누구에게나 좋은 음식이지만, 특히 남성의 정력 강화에 좋다. 이 때문에 중국에선 해삼, 상어 지느러미, 생선 부레와 함께 4대 해물 강정식強精食으로 꼽힌다. 전복이 정력에 좋은 이유는 풍부하게 들어 있는 아미노산 중 특히 아르기닌 성분 때문이다. 아르기닌은 노화 방지 호르몬이라고 불리는 성장 호르몬의 분비를 촉진하는 기능을 가지고 있으며, 특히 정자의 생성과 발기력 향상에도 중요한 역할을 한다.

4. 장어

단백질과 지방질 그리고 각종 비타민과 미네랄이 풍부하게 함유돼 있는 고열량, 고지방, 고단백 식품이다. 일단 열량이 높으므로 스태미나 증진에 도움이 된다.

장어의 지방질에는 혈전과 동맥경화증의 예방에 탁월한 EPA와 DHA 등 오메가—3 지방산이 많이 포함돼 있다. 양질의 단백질도 풍부하게 들어 있는데, 특히 세포 재생에 좋은 점액성 단백질과 콜라겐이 많이 들어 있다.

5. 고등어

고등어는 맛도 좋지만 단백질, 지방, 칼슘, 인, 나트륨, 칼륨, 비타민 A, 비타민 B, 비타민 D 등의 영양소가 풍부하게 들어 있는 훌륭한 영양식이자 스태미나 식품이다. 특히 고등어에 들어 있는 지방질은 고도 불포화지방산으로서 DHA와 EPA를 많이 함유하고 있다.

오메가-3 지방산인 DHA와 EPA는 혈중 콜레스테롤 수치를 감소시키고 혈액순환을 원활하게 해준다. 특히, DHA는 두뇌의 발달을 촉진하고 활동을 원활케 해주는 효과도 있다.

6. 꽁치

꽁치 역시 고등어, 정어리와 같이 등 푸른 생선으로, 단백질과 지질의 함유량이 많고 역시 오메가-3 지방산인 EPA와 DHA가 풍부하게 들어 있다. 등 푸른 생선에는 오메가-3 지방산 외에도 코엔자임 Q-10이 많이 들어 있어, 강력한 항산화 작용과 함께 활력 증진 효과가 있다.

7. 참치

참치의 지방질은 고도 불포화지방산으로 혈액순환에 도움을 주고 동맥경화 예방에도 효과가 있다. 참치에는 양질의 지방 외에 단백질과 비타민 B군과 비타민 E도 많이 포함돼 있다. 항산화 효과가 있는 셀레늄도 포함되어 있어 스태미나를 증진하고 혈액순환을 도와주는 정력식품으로 손색이 없다.

8. 연어

연어가 정력에 도움이 되는 이유는 풍부하게 함유되어 있는 오메가—3 지방산과 단백질 때문이다. 비타민 D도 많이 들어 있는데, 비타민 D는 칼슘의 흡수를 도와 뼈를 튼튼하게 하는 효과가 있으며 심장병을 예방하는 효과도 있다.

연어는 다른 생선들과 달리 아름다운 붉은색을 갖고 있다. 가열해도 변하지 않는 이 붉은색은 연어 근육에 포함된 아스타산틴이라는 색소 때문이다. 아스타산틴은 카로티노이드 계열의 색소로서 뛰어난 항산화 능력을 가지고 있다.

9. 낙지

타우린, 인, 칼슘, 각종 무기질, 아미노산 등이 풍부하게 함유돼 있어 '개펄 속의 산삼'이라 불린다. 타우린은 콜레스테롤 수치를 낮춰주고 혈액순환을 원활하게 하는 기능이 있어 정력을 증진시킨다. 낙지에는 신경전달물질인 아세틸콜린도 많이 들어 있다. 아세틸콜린은 나이가 들면 점차 감소되는데, 아세틸콜린의 감소는 기억력을 포함한 뇌기능을 떨어뜨린다. 낙지는 가장 중요한 성 기관이라고 할 수 있는 뇌의 기능을 향상시키는 효과가 있으므로 간접적으로 정력에 도움이 된다.

10. 미꾸라지

지방과 단백질 함유량이 많은 스태미나 식품이다. 불포화지방산의 비율이 높아 혈액순환에 도움을 주며, 단백질 중에는 필수아미노산인 리신과 타우린이 많아 체력이 떨어진 성인에게 좋다. 보통 통째로 먹는데, 그럴 경우 100g당 780㎎의 칼슘이 포함되어 있어 골다공증의 예방과 치료에도 도움이 되며, 이밖에도 비타민 A와 비타민 D, 비타민 B_1, 비타민 B_2도 풍부하다.

휴가철엔 성생활도 관리하세요

전립선 질환이 나타나 치료를 받기 시작하는 사람들의 상당수는 전염 여부를 궁금해한다. 특히 전립선이 따끔거리거나 근지럽고 미세한 출혈로 인해 오줌이 붉은빛을 띠는 경우, 이러한 증상이나 질환 자체가 배우자에게 옮겨질 수 있는지 궁금해하는 것은 당연한 일이다.

전립선염은 그 자체가 성병은 아니다. 그러므로 반드시 성 파트너에게 전염된다고 볼 수는 없으나 전립선염이 나타나게 된 원인이 세균성 감염에 있다면 그런 가능성을 완전히 배제할 수는 없다.

전립선 질환으로 가장 흔히 나타나는 2대 질환은 전립선염과 비대증이다. 이 가운데 조직의 이상증식으로 나타나는 비대증은 외부 감염이나 내상 여부와 관계없이도 얼마든지 시작될 수 있다. 생활습관과 영양상태, 호르몬의 작용 등이 더 큰 요인이기 때문이다.

전립선비대증과 달리 전립선염의 경우 외부로부터의 세균이나 염증 감염 등으로 인한 요도염의 경험과 상당히 가까운 관계가 있는 것으로 추정된다.

요도염이 반드시 전립선염으로 진전되는 것은 아니며, 모든 전립선염이 요도염을 거쳐 발생하는 것도 아니지만 전립선염 환자 가운데 요도염을 경험한 비율은 상당히 높은 것으로 관찰된다.

전립선 세척요법을 사용할 경우 많은 전립선염 환자들에게서는 요도염을 연상케 하는 증상들이 재현되는 것을 볼 수 있다.

치료 단계에서 가려움증과 따끔거림, 회음부의 근질거림과 같은 자각증상을 갖고 있던 사람들이 치료 시작과 동시에 출혈이나 분비물과 같이 사라졌던 증상들이 재현되곤 하는데, 이것은 그동안 과거의 염증이 완치되지 않고 잠복해 있었음을 보여주는 현상이다.

이것은 성적 접촉을 통해 성 파트너에게도 유사한 증상을 전염시킬 가능성이 있음을 보여주는 증거라고도 할 수 있다.

증상의 정도나 유병기간을 감안하여 세척요법의 치료 계획을 세운 후 치료를 계속해가다 보면 점차로 출혈과 분비물이 사라지고 깨끗한 소변을 볼 수 있게 되는데, 이 단계에 이르면 대개 전립선의 상태도 깨끗해지고 상쾌감을 느낄 수 있다.

치료과정에서 나타나는 이러한 현상들은 우리에게 전립선염을 막을 수 있는 한 가지 길을 보여준다. 즉 요도염의 원인이 될 수 있는 불결한 성생활을 애당초 경계함으로써 요도염이나 전립선염을 막을 수 있다는 것이다.

요도염은 비교적 치료가 쉽지만 상당수 환자들은 그것을 완전히 치료하지 않은 채 병원치료를 중단하는 일이 많다. 항생제로 증상이 가라앉기만 하면 치료를 중단하거나 가벼운 간지러움이나 작열감 정도는 참아 넘기면서 적응한다.

이때 다소 약화된 채로 남아 있던 원인균들은 그대로 몸 안에 잠복해 있으면서 서서히 전립선 등으로 스며들게 되고, 피로나 음주, 노화 등으로 인해 면역력이 약화되는 시기에 다시 활동을 시작해 질병을 일으키는 예가 많다.

전립선염이 그 당장에 나타나지는 않는다 하더라도, 완치되지 않은 요도염 등은 장차 전립선염으로 발전될 가능성이 다분하기 때문에, 이런 질환이 발생했을 때는 최대한 철저하게 치료하여 재발의 여지를 남겨두지 않는 것이 상책이다. 특히 휴가철엔 들뜬 기분에 즐기다 보면 후유증을 남기는 경우가 많으므로 청결하고 분별 있는 성생활이 중요하다.

기가 흐르게 하자

동양의학에서는 건강을 지키는 요인의 하나로 기氣를 중시한다. 이것은 철학의 주요 주제이기도 하지만 인체 생명력과 관련해서도 빼놓을 수 없는 중요한 개념이다. 기의 성질은 어떤 것일까. 일반 과학의 개념에서 굳이 찾아보자면 그 성질은 전기에 비유할 수 있다.

몸 안에 흐르는 극소량의 전기 에너지는 바로 살아 있는 생명체들의 원동력이 되며 에너지 크기에 따라 생체는 생명력이 왕성하거나 미약해진다. 이런 관점에서 보자면, 인체의 기를 활성화하는 것은 의학의 중요한 과제 중 하나가 아닐 수 없다.

요즘 광물질을 의미하는 천연 미네랄의 중요성이 강조되고 있다. 미네랄은 인체가 필요로 하는 필수 영양소 가운데 하나인데, 최근 연구를 통해 체내 미네랄의 중요한 역할이 하나 둘 베일을 벗고 있다. 미네랄에는 칼슘, 인, 마그네슘, 나트륨, 칼륨, 염소, 황 등 정량 미네랄과 철, 요오드, 아연, 구리, 셀레늄, 망간, 크롬, 몰리브덴, 불소 등 미량 미네랄이 있다.

미량 미네랄은 지극히 적은 양만 있어도 되는 미네랄인데, 그렇다고 해서 아예 없으면 안 된다. 미네랄은 인체의 주요 구성 성분으로서 중요하다.

특히 이와 뼈 같은 경조직에서는 칼슘, 철분과 같은 광물질 원소가 필수적이며 이같은 성분이 부족하면 체세포 구성에 문제가 생긴다.

기의 작용과 관련해서도 미네랄의 중요성은 빼놓을 수 없다. 미네랄은 인체 내의 화학적, 전기적 시스템을 운영하는 데 필요한 기본 요소로서 신경자극의 전달, 근육 수축, 인체의 생리작용을 담당하는 각종 효소의 생성과 기능에 관여한다.

마그네슘은 인체 내 300여 가지 효소의 생성과 기능에 관여하고, 이온화된 미네랄은 신체 내 신경자극을 전달하는 매개가 된다. 두뇌와 전신을 잇는 신경은 전기적 신호를 전달함으로써 이같은 기능을 수행하는데, 충분한 미네랄의 공급은 전선의 전도성을 높이는 것과 같이 중요하다.

현대인에게 많이 나타나는 만성 피로 증상 같은 것은 신경전달 활동이 활발하지 않은 데서 기인하는 경우가 많은데, 다시 말하면 천연 미네랄의 섭취가 충분히 이루어지지 않고 있어서 발생하는 경우가 많다.

현대인들의 간편식, 인스턴트음식 선호, 자연 상태에서 자라난 야채 섭취의 부족 등이 미네랄 부족을 야기하고 있다.

지나치게 정수되어 중류수에 가깝게 만들어진 식수들도 미네랄 부족의 원인이 된다. 흙과 천연 식수를 가까이 하는 것은 자연 친화적인 식생활을 위해서뿐 아니라 까닭 없이 지쳐가는 몸을 활성화하기 위해서도 중요한 섭생법이다.

여러 가지 정력 강화운동

1. 걷기 운동

고환이 흔들려 고환의 혈행을 좋게 해줄 뿐만 아니라 성기 마찰로 인해 성기의 혈액운동을 동시에 촉진시킨다. 걸을 때 보폭을 최대한 넓게 하며 느리게 걷지 말고 힘차게 걸어다닌다.

2. 팔굽혀펴기 운동

성교 시 팔에 힘이 없으면 즐거움도 오래 지속할 수 없고 행위도 단조로워진다. 매일 아침저녁으로 5~10회를 구분하여 1회에 10번 이상 훈련한다.

3. 허리 운동법

유연하고 튼튼한 허리는 정력의 원천이 된다. 강한 허리힘은 곧 원활한 삽입운동으로 이어진다.
①똑바로 앉아서 호흡을 조절한 다음 양손을 허리에 댄 채, 전후좌우로 허리를 굽힌다.
②홀라후프를 돌리듯 허리를 돌린다.

4. 귀와 하체의 병행 운동

양쪽 귀를 붙잡고 토끼뜀을 뛴다. 인체의 대들보인 척추를 바로잡아 신체에 활력을 심어준다. 뿐만 아니라 귀는 스태미나와 직결되므로 더 큰 효과를 얻을 수 있다.

쉽게 할 수 있는 탄트라 남성 단련법

강한 남편이 되고 싶다면 몇 가지 남성 단련법의 요령을 알아두는 것도 도움이 될 것이다. 다음의 방법들 가운데 취향에 맞는 몇 가지만이라도 습관을 들여 평소 꾸준히 실행한다면 정력이 크게 좋아지는 효과를 얻을 수 있다.

1. 냉온욕

샤워할 때 한 번씩 간편하게 할 수 있다. 먼저 음경을 위로 치켜잡고 더운 물을 5회 끼얹는다. 충분히 릴랙스되었을 때 찬물을 5회 끼얹는다. 이 방법을 10회 반복한다. 음경과 음낭을 급랭시키는 것이 목적이므로 찬물은 음낭이 충분히 오그라들 정도로 시원한 게 좋다. 매일 계속하면 음낭이 활성화되어 남성 호르몬의 분비가 촉진되므로 정력이 강화되고 성욕이 증진된다. 정자 생성기능도 강화되므로 임신에 문제가 있는 사람들에게 도움될 수 있다.

2. 치골마찰

손바닥을 펴서 엄지를 제외한 네 손가락을 치골 부위에 놓는다. 치골을 중심으로 주변이 자극되도록 네 손가락을 시계방향으로 부드럽게 원을 그리며 문지른다. 20회를 돌린 뒤 반대방향으로 20회를 돌린다. 치골 부위는 생식기능과 관련된 급소들이 밀집돼 있는 곳으로 이 마사지는 정력을 높이고 발기력을 증강시킨다. 조루, 발기부전에도 개선효과가 있다.

3. 두드리기

적당히 발기되었을 때 귀두 끝을 연필 끝으로 가볍게 두드려준다. 다음에는 음경 전체를 오르내리며 골고루 두드려준다. 발기력을 강화하고 발기 지속시간을 늘려준다.

4. 탄력 운동

발기된 페니스 끝을 엄지손가락을 이용해 최대한 아래로 내리 누른다. 이 상태에서 항문에 힘을 주어 강하게 조였다 풀기를 20회쯤 반복한다. 이 운동은 페니스 인대의 탄력을 높여 실전에서 강한 힘을 발휘하게 하며, 항문 괄약근 강화로 사정 조절능력을 높여준다.

5. 주무르기

발기된 상태에서 다섯 손가락에 힘을 주어 열 번쯤 꽉 움켜잡았다가 놓는다. 다음에는 고환을 열 번쯤 움켜잡았다가 놓는다. 이렇게 5회 반복한다. 이 훈련은 페니스의 신경과 혈관을 활성화한다. 귀두의 발육이 촉진되고 발기 지속력을 높여주며 조루 개선에도 효과가 있다.

6. 소변볼 때 하는 훈련

①변기 앞에서 까치발로 서서 일을 보면 찔끔거리는 소변줄기가 힘차게 나오게 된다. 방광과 전립선에 자극을 주어 정력 강화의 효과가 있고 신장의 기운을 돋운다. 소변볼 때가 아니더라도 자주 발끝으로 서는 연습을 하면 도움이 된다.

② 소변을 보다가 갑자기 멈추는 연습은 골반괄약근 강화에 도움이 된다. 소변줄기를 의도적으로 뚝뚝 끊어가며 일을 보는 방법으로 훈련할 수도 있다.

③ 일을 보다가 서서히 괄약근을 조여 5초 정도 멈추었다가 재빨리 풀어준다. 남녀 모두에게 이 방법은 도움이 되지만 특히 남성에게는 흥분되어 갑자기 사정하려고 할 때 이를 멈추는 능력을 길러주기 때문에 조루 예방이나 접이불루를 위한 자제력 강화법으로도 유용하다.

7. 회음부 자극

남성은 회음혈이라 부르는 항문과 성기 사이 한가운데 경혈지점을 마찰하거나 눌러서 자극하면 발기력이 향상된다. 여성의 경우도 이곳을 압박하여 자극하면 성선이 자극돼 호르몬 활동이 활발해지고 성감도 좋아져 불감을 고칠 수 있다. 부부가 서로 애무할 때 손바닥으로 회음부를 따뜻하게 해주면서 가운데 손가락으로 중앙부를 지그시 눌러 원을 그리듯 둥글게 문질러 자극하면 좋다. 이 부위에서 작은 뜸을 시행하면 정력에 도움이 된다.

8. 흔들기

평소에 바지는 통풍이 잘 되도록 헐렁한 것을 입는 것이 좋다. 헐렁한 바지를 입거나 벗은 상태에서 양쪽 다리를 어깨 너비 정도로 벌리고 서서 허리를 상하좌우로 각 30회씩 빠르고 강하게 흔들어준다.

음경이 발기되어 음낭과 함께 흔들리며, 상하로 흔들 때는 귀두가 치골, 배꼽과 항문 쪽에 닿고 좌우로 흔들 때는 양쪽 허벅지에 부딪치며 자극을 받는다. 음악에 맞춰 기분 좋게 흔들기를 자주 하면 발기지속력이 강화되고 허벅지와 단전 등 성기 부위의 근육기능이 동시에 강화된다.

9. 물구나무서기

탄트라 요가의 정력 강화법 중 하나로 두 손을 깍지 끼어 뒷머리를 감싼 채 거꾸로 선 자세에서 허리에 힘을 주면서 다리를 서서히 들어올리고 복식호흡을 하면서 항문을 조인다. 처음에는 벽에 기대어 1~2분 정도씩 하다가 점차 시간을 늘려 5~10분 정도 유지한다. 복근단련 및 척추 균형과 혈행의 활성화로 전신 건강에도 도움이 된다.

이밖에 정력 강화에 도움되는 운동으로는 자전거, 조깅, 축구, 앉아뛰기, 뜀뛰기, 윗몸일으키기, 오리걸음 등을 들 수 있다.

전립선
관리법

전립선,
제3의 남성 성기

남자의 성을 얘기할 때 빼놓을 수 없는 것이 전립선이다. 전립선은 남성의 몸속에 존재하는 어엿한 성 기관이다. 우선 그 중요성은 여성으로 치면 자궁에 비할 만큼 높다. 여성의 자궁이 임신에 매우 중요하면서도 그 역할은 생존에 직접 영향을 주지는 않는데 반해 남성의 전립선은 문제가 생겼을 경우 일상생활에 직접적인 불편을 줄 수 있다는 점에서 그 중요성은 더욱 크다고 할 수 있다.

남성의 성 기관은 크게 음경과 고환 그리고 전립선과 정낭으로 이루어지는데, 각 기관은 나이에 따라 시차를 두고 발달된다. 먼저 갓난아기 때는 몸 밖으로 두드러지지 않던 음낭은 아이가 1차 성징기를 지날 무렵에야 비로소 제 모습을 드러낸다. 하지만 여전히 음경과 함께 성장을 계속해 20대로 접어들어 제대로 완숙된다. 가장 늦게 성숙되는 것은 전립선이다. 전립선은 사춘기를 지나면서 비로소 제 모습을 갖추는 것으로 알려져 있다.

한방에서는 여성의 몸은 7세, 남성은 8세를 주기로 숙성되는 것으로 본다. 『상고천진론上古天眞論』에 따르면 "여성은 14세가 되면 월경을 시작하고 골반이 늘어나고 허리가 잘록한 여성 특유의 몸매를 갖추기 시작한다. 남성은 16세가 되어야 생식능력을 갖춘다."고 했는데, 이는 전립선이 비로소 제 모습으로 형성되기 시작하는 시기와 일치한다. 여자 나이 21세, 남자 나이 24세가 되면 각기 성적으로 완숙되어 생식활동에 적합한 조건을 갖추게 된다. 아기를 낳을 수 있는 능력은 여성이 49세 남성이 56세까지라고 하였는데, 짐작하겠지만 이는 절대적인 수치가 아니다.

고전에 나타난 양생법들은 남성이나 여성의 평균치 건강을 넘어서기 위한 방법들이라고 할 수 있다. 음식과 성생활을 부족함 없게 그러나 넘치지도 않게 잘 조절하고, 감정이 치우치지 않도록 컨트롤하며, 자연의 변화에 조화하면서 살면 이론적으로는 120세까지도 건강하게 잘살 수 있다는 것이 고전의 가르침이다.

사람이 늙는 것은 모발과 치아, 피부 그리고 각 장기의 기능이 변화하는 데서 동시다발적으로 나타난다. 특히 남성 능력의 노화는 전립선의 변화와 가장 밀접하다. 40대가 넘어서면 전립선 비대의 증상이 나타나기 쉬운데, 50대와 60대 이후에는 남성의 절반 이상이 이 증상을 나타낸다는 것이 지금까지의 통계다. 전립선의 노화는 흔히 조루, 지루, 발기부전, 성욕감퇴 등 성 기능의 문제를 동반한다. 발기강화 치료를 통해 전립선 증상이 회복된다는 증거는 아직 미미하지만, 전립선 치료를 통해 발기력이 회복되는 사례는 필자의 임상에서도 자주 발견되고 있다. 남성의 성적 기능이 총체적으로 약화되었을 때 어디서부터 치료를 시작해야 하는가는 환자에 따라 다를 수 있다. 만일 성 기능 감퇴와 병행하여 전립선염이나 비대 같은 전립선 이상 증상이 함께 나타난다면 먼저 전립선 치료를 통해 남성 기능의 총체적인 회복을 기대해볼 수 있다.

술 · 섹스 · 스트레스 삼중고

남성에게서 나이와 함께 늘어나는 대표적인 질병이 바로 전립선 질환이다. 전립선염을 지나서 전립선비대증이나 전립선암의 증가세가 심각한 현실로 다가오고 있다.

2008년 국립 암센터에서 발표한 통계를 보면 남성의 전립선암 발병률은 연간 평균 12.3%란 무서운 속도로 증가하고 있다.

통계청의 연례 사망자 통계자료를 보더라도 근래 들어 전립선암으로 인한 남성 사망자의 비율은 예외 없이 높아지고 있다는 것을 알 수 있다. 지난 1983년 통계에서 5명도 안 되던3.0명 전립선암 사망자 수는 20년 만에 50명꼴로 늘어났다. 15배나 늘어난 수치다. 건강보험에서 전립선암 요양에 대해 지급한 보험 급여액은 2000년 3만여 건 90억 원에서 2004년에는 7만 2천여 건 188억 원으로 4년 사이에 두 배 정도가 됐다. 이같은 증가의 원인은 어디에 있을까.

생활양식이 서구화되고 있는 것이 첫 번째 원인으로 꼽힌다. 우선 식생활. 고콜레스테롤과 인스턴트식품들이 문제다. 유지 성분이 든 식품이나 지나친 육식 편향의 식사를 개선할 필요가 있다. 토마토 등 과일과 채소를 많이 먹는 것이 전립선 비대를 비롯하여 전립선 질환을 예방하는 데 크게 도움이 된다.

특히 독한 술은 일정한 증세를 나타내는 전립선염을 악화시킬 위험이 크다. 따라서 전문가들은 술이라면 순하게 빚어진 과일주나 약주 같은 것을 조금씩 마실 것을 권하고 있다. 포도주와 같이 약성이 있는 술은 매일 조금씩 마시는 것이 전립선 질환을 예방하는 데 도움이 된다고 한다. 우리에게는 포도주 외에도 곡식이나 약초를 써서 술을 담그는 풍습이 있는데, 그것이 독한 술이 아니라면 매일 한 잔 정도의 습관으로 효과를 얻을 수 있을 것이다.

다음은 성생활이다. 전립선염 같은 것은 그 자체는 성병이 아닐지라도, 불결하거나 문란한 성생활 끝에 발병될 가능성은 얼마든지 있다.

스트레스와 운동 부족도 전립선 건강을 해치는 주요인으로 꼽을 수 있다. 하루 한 시간도 걷지 않고 매일 의자에 앉아서 일하는 현대인들에게는 쉽게 낭습囊濕, 고환이 축축한 증세이 생길 수 있다. 하루 종일 바람이 잘 통하지 않는 정장을 입은 채로 앉아 있다 보면 중요한 곳에 땀이 고이면서 열이 올라가게 된다. 또 앉은 자세로 인해 복부 내장의 무게가 회음부에 고이게 되는데, 그 중심부에 있는 전립선은 이 무게를 지탱하랴, 습기를 견뎌내랴, 열기를 감당하랴, 최악의 조건에 놓이게 된다.

식습관을 조절하고, 너무 오래 앉아 있지 말고, 매일 적당히 운동을 계속해야 전립선 질환을 막을 수 있다. 이 습관을 잘 지킨다면 나이가 들어서도 젊은 시절과 같은 힘을 유지할 수 있다.

전립선비대증, 왜 사람만 걸릴까

전립선비대증이 일어나는 원인에 대해서는 딱히 이것이라고 말하기 어렵지만 그동안 의학계가 축적한 임상을 통해서 볼 때 가장 일반적인 조건의 하나는 역시 '나이'다. 40대 이하의 남성에서는 10% 이하로 발생 빈도가 낮지만 40대 이후 남성들에게서 현저히 발생빈도가 높아져 60대 이후에서는 절반 이상의 남성이 전립선비대증을 갖고 있는 것으로 보고되고 있다.

물론 남성의 노화가 전립선 질환과 상관관계가 높다는 것은 부정할 수 없는 사실이지만, 같은 남성이라도 개인마다 노화의 속도에 차이가 있는 것을 감안하면 그것을 피해갈 수 없는 '운명적 질병'이라고 단정하는 것도 타당하지 않다. 어떤 사람은 50세 전후에 이미 온갖 성인병으로 노인 행색을 나타내는가 하면, 어떤 사람은 70세 가까운 나이에

로맨스그레이를 즐기며 자식을 낳는 경우도 있는 것이다.

모든 동물 가운데 인간만이 전립선비대증을 앓는다. 그 이유는 무엇일까. 학자들이 확신하는 가장 확실한 이유는 바로 인간의 긴 수명이다.

전립선은 매우 강한 기관이어서 보통 동물의 경우 적어도 제 수명을 다할 때까지는 여간해서 전립선이 먼저 문제를 일으키지 않는다. 하지만 인간의 성생활은 단지 생식기간 동안에만 기능하는 게 아니기 때문에 인간의 전립선은 다른 동물에 비해 더 많은 노동을 하게 된다. 게다가 생식 가능기간이 지나면 곧 수명을 마치는 다른 동물과 달리 인간은 생식 가능기간을 지나서도 생명을 지속하고 여전히 성생활을 하기 때문에, 다른 동물들에서는 나타나지 않는 전립선 비대와 같은 질환을 경험하게 되는 것이라 할 수 있다.

이러한 전립선 비대는 남성만이 겪는 질환이다. 우선 남성에게만 있는 장기라는 게 결정적인 이유다. 또 전립선 질환은 남성 호르몬의 역할과 관계가 깊다. 예를 들면 생식기가 영글지 않았거나 사춘기 이전에 고환이 거세된 과거 내시의 경우 전립선 비대는 일어나지 않은 것으로 알려져 있다.

이는 고환이 제 기능을 하지 못함으로써 남성 호르몬의 작용이 전립선에 미치지 못했기 때문인 것으로 판단된다. 다시 말하면 전립선비대증은 정상적인 성 기능을 가진 인간의 남성한테서만 일어날 수 있는 질병이라는 말로 요약할 수 있다.

그렇다고 해서 전립선비대증을 중년 이후 남성들이 피해갈 수 없는 질병이란 생각으로 포기하고 살 수는 없다. 그것은 곧바로 일상생활의 불편으로 이어지기 때문이다. 성생활은 차치하더라도 나이 들어 정상적인 배뇨기능에 문제가 생기는 것은 노년의 생활을 불편하고 비참하게 만들 수가 있다.

전립선에 물리적 손상을 가하지 않으면서 그것을 젊고 건강하게 유지할 수 있는 치료법으로 탄생한 것이 전립선 세척요법이다.

전통적인 한방의 생약성분들을 추출해 사용하는데, 여기에 세계적으로 알려진 전통적 전립선 치료식물 등 천연성분들이 추가되어 보다 빠른 치료를 돕는다. 이미 진행되고 있는 전립선 증상의 치료는 물론, 증상이 심각해지기 전 관리care 차원에서 시술하면 더 큰 효과를 기대할 수 있다. 이 요법을 적용하는 경우 전립선의 불쾌감이 사라지는 것은 물론, 남성 기능이 빠르게 회복되는 것을 볼 수 있다. 그러나 예상 치료기간보다 더 빠르게 남성 기능이 회복된다 하더라도 전립선 질환을 보다 근원적으로 뿌리 뽑기 위해서는 치료를 초기에 중단하지 않는 것이 바람직하다.

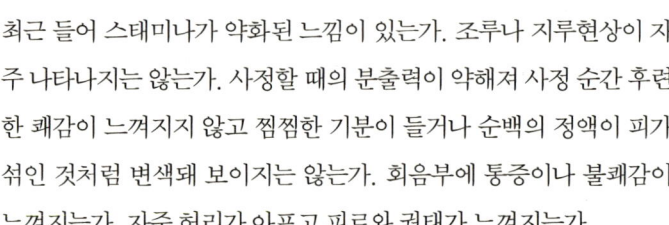

전립선 진단 체크리스트

최근 들어 스태미나가 약화된 느낌이 있는가. 조루나 지루현상이 자주 나타나지는 않는가. 사정할 때의 분출력이 약해져 사정 순간 후련한 쾌감이 느껴지지 않고 찜찜한 기분이 들거나 순백의 정액이 피가 섞인 것처럼 변색돼 보이지는 않는가. 회음부에 통증이나 불쾌감이 느껴지는가. 자주 허리가 아프고 피로와 권태가 느껴지는가.

소변이 시원찮게 나오지는 않는가. 소변줄기가 가늘고 양도 줄어 쫄쫄거리는 현상이 나타나는가. 반면 시도 때도 없이 자주 화장실을 드나들지는 않는가. 밤에 자다 말고 일어나 소변을 보기 위해 화장실에 드나들지는 않는가. 속옷에 찔끔찔끔 새나오지는 않는가. 일을 마친 후 잔뇨감오줌이 남아 있는 느낌 때문에 개운치 못한 경우가 자주 생기는가. 술을 많이 마신 뒤나 피로가 쌓였을 때 소변에 분비물이 섞여 나오지는 않는가. 마침내는 빛깔이 탁해지고 농이나 피가 섞여 나오지는 않는가.

주로 나이라든가 정력과 관계있어 보이는 이 질문들은 남성의 성 기관과 관계 깊은 질문이다. 바로 전립선이란 장기다. 전립선은 성기, 고환과 함께 남성의 성적 특성을 나타내는 3대 주요 장기의 하나다. 다른 남성 장기와 달리 그 모습이 몸 안에 감춰져 있기 때문에 의학계조차도 일찍이 이 장기의 중요성을 잘 인식하지 못했다. 그 기능이 아직 신비에 싸여 있을 때, 초기의 연구자들은 인체 하복부의 앞쪽에 있는 호르몬 장기라는 의미로 전립선前立腺, pro—state gland이라는 이름을 붙였다. 앞서 나열한 체크리스트는 남성의 전립선 질환 여부를 알아보기 위해 흔히 사용하는 질문들이다. 예전 같으면 과로하거나 나이 들어 기력이 약해지면서 나타나는 노화현상의 하나로 간주하고 말았다. 그래서 딱히 신체적 원인을 짚어낼 수도 없고 당연히 치료도 불가능하다고들 여겼던 증상들이다.

6년 전 필자가 요도세척법을 포함하는 전립선 관리 치료EZ요법를 처음 소개할 때만 해도 이와 같은 증상으로 병원에 다니면서도 전립선 진단을 받은 적이 없다고 하소연하는 환자들이 있었다. 그러나 이러한 증상의 대부분은 전립선과 관계가 있다는 사실이 구체적으로 밝혀져 이제는 많은 의사와 환자들이 전립선에 관심을 갖기 시작했다. 전립선 질환은 치료에 많은 어려움이 있으나 이상 증상이 나타나는 초기부터 적극적인 관리를 시작하면 '성적인 조기 노화현상'을 막는 데 큰 도움이 된다. 건강한 전립선은 젊은 남성을 유지하는 데 필수적이다.

**가벼운 신호를
무시하지 말라**

중견기업의 부장인 40대 초반의 P씨는 피곤하거나 과음을 하면 회음부가 불쾌하고 소변을 볼 때 뭔가 걸리는 느낌이 몇 년 전부터 있어왔다. 그러나 며칠 지나고 나면 괜찮아져 그동안 대수롭지 않게 생각했고 다른 조치를 취하지 않았다. 그러다가 최근 들어 소변보는 횟수가 잦아졌고 성 기능도 예전 같지가 않아 한의원을 찾아왔다.

잦은 야근과 과음 등으로 그의 전립선은 부어 있었다. 그리고 전립선의 만성 울혈상태몸 안의 장기나 조직에 정맥의 피가 몰려 있는 현상로 인해 사정 조절에 문제조루가 생겼고 그에 따라 성생활도 시들해진 것이었다.

모든 종류의 질병에 대한 대처방법이 다 그렇지만 전립선의 경우도 장애 증상이 느껴지는 초기에 진료를 시작하는 것이 증상의 악화를 막는 최선의 방책이다.

소변이 시원치 않게 나오거나 발기할 때 회음부의 통증이 있고, 발기가 어렵거나 사정 조절이 잘 안 되는 증상, 상시적인 허리의 통증 같은 것이 한꺼번에 찾아오기 시작하면 한번쯤 심각하게 원인을 분석해볼 필요가 있다. 이런 증상들은 나이가 들면 쉽사리 나타나는 것이어서 무심코 지나치기 쉽지만 무관심하게 방치하다 심각한 상황으로 발전될 수가 있다.

이런 증상과 관련 있는 것은 전립선 질환이다. 남성만이 갖고 있는 전립선은 요도의 출발점에 위치해서 소변이나 사정을 조절하는 기능을 갖고 있으므로 전립선염이나 비대 등이 나타나면 이런 생리기능에 장애를 초래하게 된다.

전립선 비대나 전립선염을 의심해볼 수 있는 증상으로는 이밖에도 빈뇨, 잔뇨, 소태와 같은 증상들이 있다. 전립선에 이상이 생기면 성병이 아닌데도 요도가 가렵거나 따끔거리고 소변에 뿌연 이물질이 섞여 나오거나 혈뇨가 나올 수 있다. 또한 회음부의 뻐근한 증상과 함께 아래쪽이 부어 있다는 느낌이 찾아올 수 있다. 치질이 없는데도 항문 쪽이 가렵거나 부은 듯 불쾌해질 수 있다. 이런 증상을 그대로 놓아두면 급성 폐색이 되어 소변을 보지 못하는 경우가 생길 수 있고 심한 경우에는 아예 발기가 안 되는 상태로 악화될 수도 있다.

다행히도 모든 질환에는 초기 예비증상들이 있다. 질병에 대응할 수 있게 해주는 예비신호다. 전립선의 문제가 의심될 때는 신속히 필요한 조치를 취해야 한다.

'초동진화'가 중요하다

어떤 병이든, 되도록 초기에 진단을 받고 치료를 시작하는 것이 중기 이후의 치료보다 효과적이라는 것은 누구나 알고 있는 사실이다. "호미로 막을 것을 가래로 막는다."는 말도 있듯, 문제가 발생하는 초기에 즉각 대응하지 않으면 대개 문제가 커져서 대응이 한층 어려워진다. 저수지의 둑에 작은 구멍이 생겼다면 한줌

흙으로 손쉽게 막을 수 있으나 내버려두면 흙을 가래로 실어 날라도 틀어막기 어렵게 커지기 마련이고, 물 한 컵으로 끌 수 있는 불씨도 내버려두면 산 전체를 태우는 큰 불로 전이되기 십상이다.

간단하게 진압이 가능한 초기의 문제를 방치하는 원인은 대개 두어 가지다. 첫째는 문제가 발생한 것을 알고도 대응할 시간이 없거나 방법을 모르는 것이고, 둘째는 초기에는 워낙 징후가 약하기 때문에 미처 깨닫지 못할 수 있다는 점이다. 그러나 담뱃불 하나쯤, 작은 구멍 하나쯤 하고 방치하다가 문제의 심각성을 깨달을 즈음이면 이미 진화는 쉽지 않은 상태가 되고 만다.

전립선 질환의 경우도 예외는 아니다. 전립선 질환으로 나타나는 신체 자각증상은 대개 그리 심각하지 않은 단계에서부터 나타날 수 있다. 회음부의 불쾌감, 소변의 불규칙함, 성교 시 발기력의 저하나 사정할 때 혼쾌하지 않은 느낌, 요도의 간질거리는 증상이나 따끔거리는 증상, 소변에 섞여 나오는 이물질, 거품, 혈색 같은 것들은 전립선 질환의 가능성을 보여주는 징후들이다.

전립선염이나 비대증 같은 것이 중년 이후에 성생활의 장애로 발전되거나 노후 배뇨의 어려움 등으로 발전되어 일상에 심대한 지장을 안겨준다는 점을 생각한다면, 이와 같은 초기 중기의 증상이 나타날 때 방치하지 않는 것이 절대적으로 현명한 일이다.

남성의 전립선 질환이 대개 중년 이후에 나타난다는 점 때문에, 청장년기에 나타나는 예비적이거나 초기 징후에 대해서는 별로 심각하지 않게 받아들이고 방치하는 사람들이 많다. 초기 징후에 대한 방치야말로 병의 뿌리가 깊어지게 되는 온상이라 할 수 있다.

전립선의 이상 징후가 나타난다면 즉각적으로 식생활의 개선고콜레스테롤의 억제 등과 절도 있는 성생활 등으로 전립선 증상의 악화를 막아야 하고, 걷기나 항문 조이기와 같이 전립선 건강에 도움되는 운동을 생활화해야 한다.

**세균성일 땐
파트너도 '전염'**

남성의 전립선 질환이 파트너에게 전염될 가능성이 있을까. 결론을 먼저 말하자면 전립선 질환은 그 자체로는 여간해서 전염되지 않는다고 보는 것이 옳을 것이다. 다만 몇 가지 예외적인 경우가 있다.

첫째는 전립선 환자가 이와 별개로 전염성 질환을 갖고 있는 경우다. 회음부의 불쾌감, 따끔거림, 소변의 변색 등 쉽게 알아볼 수 있는 전립선 질환의 자각증상들은 임균이나 바이러스에 의한 전염성 질환들과 흔히 혼동될 수 있다. 다행히 병리검사를 통해 임균이나 바이러스가 존재하지 않는다는 판정을 받았다면 전염의 위험은 없다고 볼 수 있지만 이런 균들이 존재하고 있다면 이 전염성 질환을 치료하기 전에 여성과의 성관계는 피하는 것이 옳다. 치료의 순서로 따져서도 전립선 치료보다는 성병에 관한 치료를 먼저 받아야 할 것이다.

전염성 질환이 있는 것을 모르고 단지 전립선 질환만 있는 것으로 생각해 무심히 성생활을 계속하다가 여성에게서 임균이나 바이러스 감염에 의한 질염과 자궁염 등이 나타났을 때 전립선 질환이 전염된 것으로 오해하게 되는 것이다.

두 번째는 전립선염이 세균성으로 발생된 경우다. 임균은 물론 여러 가지 세균들에 의해 전립선염이 발생할 수 있는데, 세균은 접촉에 의해 쉽게 전염될 수 있다. 비세균성 전립선염을 제외하고는 성생활에서 반드시 주의를 기울이는 것이 좋다. 전립선 질환의 경우 전혀 사정을 안 하는 경우보다는 주 1~3회 정도 주기적인 사정을 하는 것이 증상을 개선하는 데 도움이 된다. 남성의 정액은 전립선과 요도에 대하여 스스로 세척 · 소독하는 효능을 지니고 있기 때문이다.

하지만 만일 전립선 질환이 다른 전염성 질환과 혼동되었거나 두 가지를 함께 보유하고 있는 경우 환자가 사정을 자주 하겠다는 목적으로 더욱 부지런히 성생활을 영위한다면 십중팔구 파트너에게도 원인 모를 질병을 전파하는 결과가 생길 수 있다. 임균이나 전염성 바이러스의 보균 여부가 불확실할 때에는 직접적인 접촉보다는 반드시 콘돔을 사용하거나 자위를 통해서 정액을 배출하는 것이 바람직하다.

전립선 강화 PC근육 운동법

대부분의 사람들이 음경의 기능에 아주 중요한 역할을 하는 근육이 존재하고 있다는 사실을 잘 모르고 있다. 흔히 PC근육이라 부르는 '치골미골근Pubococcygeus Muscle'이다. 치골에서 꼬리뼈까지 연결되어 있는 근육들의 집합체이며 방광에서부터 소변이 새나오지 못하게 할 때 사용하는 근육이다. 이 근육은 사정을 할 때 수축운동을 하여, 정액이 음경을 통하여 몸 밖으로 사출되는 것을 돕는다. 근육 단련은 어떤 나이에도 가능하다. 이를 통해 상쾌한 기분과 건강은 물론 만족스런 성생활로 자존감까지 높일 수 있다.

1. PC근육 찾기

①손가락 하나나 두 개를 부드럽게 고환 뒤에 갖다 놓는다.

②마치 소변을 보고 있다고 생각하면서 소변을 일시 멈추는 동작을 했을 때 방광에서 나오는 소변줄기를 억제하는 근육이 PC근육이다.

③PC근육이 단단해지는 것을 느꼈는가? 이때, 복근과 허벅지 근육은 가만히 있어야 한다. PC근육을 단련하는 데 발기는 필요치 않다. 마음을 편히 갖고 음경이 자연스럽게 반응하도록 한다.

2. 꽉 쥐는 놀이 : 하루에 3~5분

이처럼 PC근육을 오므린 상태로 1~2초 정도 있다가 놓는 것을 20번씩 하루에 3번 반복해준다3주 단련. 이때 손가락을 구태여 PC근육 위에 올려놓을 필요는 없으며, 호흡은 정상적으로 한다.

3. 강하게 조이기 : 하루에 2~3분

5초에 걸쳐서 조이고, 5초간 정지해주고, 5초에 걸쳐서 풀어준다. 10회를 반복한다. PC근육 운동은 다른 운동들과 마찬가지로 꾸준히, 열심히 할수록 더욱 빠르고 좋은 결과를 얻을 수 있다.

**놀라워라!
채식의 효과**

전립선의 비대 조직은 비만과 관계 깊은 콜레스테롤 성분의 비중이 높다. 때문에 대부분의 비만은 전립선 건강을 위협할 수 있다는 것이 연구자들의 공통된 견해다. 최근 미국 텍사스 앤더슨 암센터의 새러 스트롬 박사는 전립선암 환자의 경우 본래 비만이 있는 사람은 수술 이후에도 전립선암이 계속해 자라날 가능성이 높다는 연구결과를 발표했다.

지난 여름에는 캘리포니아대학의 딘 오니시 박사가 전립선 질환과 채식 위주 식단의 상관관계를 분석해 발표한 적도 있다.

이 연구에 따르면 지방 섭취를 엄격히 제한하는 식단과 스트레스 관리만으로도 암의 진행을 완화하거나 멈추게 할 가능성이 있는 것으로 나타났다. 그는 65세에서 67세 사이의 전립선암 환자 중 일부에게 지방섭취량을 전체 칼로리의 10% 이내로 제한하는 엄격한 채식과 함께 규칙적인 산책 등의 운동과 명상, 요가 등으로 스트레스 관리를 실시한 결과, 1년 뒤 이들에게서 전립선암 진행 정도를 나타내는 전립선 특이 항원PSA이 평균 4% 낮아졌다고 발표했다.

같은 기간 중 일반 환자 그룹에서는 PSA 수치가 너무 올라가거나 다른 검사를 통해 종양이 자라고 있는 것으로 확인돼 전립선절제수술을 받거나 방사선치료를 시작한 환자가 6명이나 나왔으나, 채식그룹에서는 단 한 명도 나오지 않았다고 한다. 오시니 박사가 제공한 관리식은 주로 채소, 과일, 콩과 같은 영양식이었다.

전립선 질환뿐 아니라 현대 성인병의 대부분은 지나친 육류, 콜레스테롤 섭취와 운동 부족에 기인하고 있다. 그리고 비만, 당뇨, 심혈관계 질환들은 서로 밀접한 상관관계를 보이고 있으며, 이러한 질환이 생기는 뿌리는 사실상 하나라고 할 수 있다.

여러 실험들에서 나타난 바와 같이 비만이 될 정도의 지방 섭취를 피하고 양질의 채식과 운동, 스트레스 관리를 잘 해준다면 전립선 비대나 암과 같은 질환들을 어느 정도까지는 피해갈 수 있을 것이다. 뿐만 아니라 이 연구들은 이미 나타난 암이라 하더라도 점차로 그것을 줄여나갈 수 있다는 가능성까지 보여준 셈이다.

인체는 기본적으로 모든 질환에 대하여 스스로 이겨내고 병든 상태로부터 회복할 수 있는 잠재력을 갖고 있다. 현대적 실험들의 결과를 보면, 인체가 지니고 있는 이러한 저항력을 이끌어내는 데는 살아 있는 식물성 재료들로 이루어진 식단이 도움이 되는 것을 알 수 있으며, 동물성 콜레스테롤은 이 저항력을 기르는 데 대체로 방해가 된다는 것을 유추할 수 있다.

자연 속에 명약 있다

인간의 욕심은 자연을 파괴하고, 자연이 파괴된 곳에서는 인간 또한 병들어 간다. 자연을 잘 보호하면서 그 안에서 자연스럽게 살아가는 것이 인간이 건강하게 살아가는 최상의 방법이다. 하지만 지나친 자연보호 지상주의에는 함정이 있다. 극단적인 자연보호주의는 때로 인간 또한 자연 못지않게 중요하다는 것을 간과할 수도 있기 때문이다. 중요한 것은 인간의 삶을 우선하되 그것이 자연보호라는 명제와 부딪치게 될 때, 자연의 파괴 내지 희생을 최소화하는 것이 아닐까 한다.

자연은 우리가 상식으로 생각하는 것에 비해 훨씬 생명력이 강하다. 도시가 건설되고 콘크리트 건물들이 들어서고 자동차가 지나다니면 그 땅에서 생명은 다시는 자라날 수 없을 것만 같다. 하지만 인간이 그러한 콘크리트 덩어리를 한 달 혹은 일 년만 제대로 돌보지 않아도 자연은 이내 인간이 만든 구조물들을 부수고 녹여 자연의 일부로 만들어버린다. 돌보지 않은 기왓장이나 심지어 콘크리트 틈새에서조차 풀이 자라고 꽃이 핀다.

일본 히로시마에 핵폭탄이 떨어졌을 때 과학자들은 앞으로 100년 동안 이 도시에서는 아무 생명체도 자라나지 않을 것이라고 예고했다. 하지만 그로부터 60여 년이 지난 지금 히로시마는 다시 건강하고 푸른 숲과 공원을 되살려냈다.

따지고 보면 인간 역시 자연의 일부다. 자연이 풍수해나 인간의 조작에 의해 파괴되고 오염되어 병이 드는 것처럼, 사람의 병도 부적절한 생활환경과 습관에 의해 찾아오게 된다. 어떤 질병이 생겼을 때 인체는 본연의 회복능력으로 건강을 되찾으려는 활동을 하게 된다. 그 힘, 인체가 갖고 있는 본연의 면역력은 능히 질병을 이겨낼 힘을 갖고 있다.

그러나 건강을 훼손한 생활환경과 습관이 그대로 지속된다면? 그것들로 인해 일어난 질병은 계속 악화될 수밖에 없다. 어떤 질병이든 생겼을 때에는 그러한 질병의 원인을 찾아 신속히 바꿔주는 것이 필요하다. 공해나 풍한서습조風寒暑濕燥의 기후조건, 생활환경 등이 질병의 원인이 되었다면 이에 대한 대책을 찾아야 할 것이며, 음식이나 스트레스, 성생활 등 생활습관에 주원인이 있었다면 이것을 바꿔야 한다. 생활 속에서 위해요소를 완전히 개선하고 나면 인체는 본연의 능력으로 서서히 건강을 회복시켜 나간다.

전립선염이나 비대 같은 전립선의 질환 역시 전립선에 좋지 않은 생활습관과 환경에 의해 악화되는 것이므로, 전립선 질환이 생겼을 때에는 즉각 습관과 환경을 점검하고 고쳐나가는 것이 중요하다. 걷지 않는 습관, 콜레스테롤이 지나친 식사 습관, 과로상태를 지속하는 생활습관, 잘못된 성생활이나 음주, 흡연 등은 전립선을 병들게 하거나 최소한 무력하게 만드는 원인이 된다.

전립선 치료에도 자연으로부터 얻는 천연 재료들이 유용하다. 남미산 톱야자는 전립선 강화에, 손상된 전립선 세포를 재생하고 염증을 치료하는 데는 알로에, 죽염 같은 재료들이 효과가 있다고 알려져 있다. 전립선 세척요법에 사용하는 약물은 이러한 강력하고도 부드러운 약재들로부터 추출한 유효성분들로 만들어졌다. 최근에는 전통적 한방약재인 당귀에서도 폐암이나 전립선암의 치료에 유효한 성분이 발견되었다는 실험결과가 미국의 암 전문 학술지에 소개되기도 했다.

천연 약재 이용한 세척요법

전립선 치료에 주력한 지도 벌써 10년이 되었다. 처음엔 서구 선진국에서 많은 유명 인사들이 전립선암이라는 질병으로 수술을 받거나 사망했다는 것이 신기한 일로 보였는데, 불과 10여 년 사이에 우리나라에서도 전직 대통령이며 재벌 총수 같은 유명 인사들이 전립선 질환을 치료받은 사례는 크게 늘어났다.

전립선 질환은 노화와 함께 찾아오는 남성 요실금의 원인이 되기도 하며 성 기능을 약화시키는 직접적인 원인이 되기도 한다. 역설적으로 생각하면, 이제는 전립선을 적극적으로 관리하기만 하면 남성의 노년도 예전보다 월등 활기차고 깔끔하게 펼쳐질 수 있다는 얘기가 된다.

그러나 세계 선진의학계의 부단한 연구와 노력, 진단기술과 치료기술의 발전에도 불구하고 전립선 질환은 여전히 완치되기 어려운 질병으로 꼽힌다. 우선 전립선 조직에는 약물이 잘 침투되지 않는다는 특성과, 환자들이 중증이 되기 전에 적극적으로 치료받기를 주저하는 질환이라는 특성 등이 복합적 원인이라 할 수 있을 것이다.

치료법으로는 여러 가지가 시도되고 있지만 아직 완치가 가능하다고 말할 수 있는 치료법을 꼽기에는 어려움이 있다. 더구나 그 증상을 이해하지 못하여 치료를 늦췄거나, 이미 알면서도 쑥스러움 때문에 증상을 방치하여 전립선염이나 비대가 만성화된 경우에는 장기적인 치료가 불가피하고 또 일정 기간이 지난 뒤에는 증상이 재발될 가능성도 높다.

필자는 세척요법을 중심으로 한 전립선 치료를 해오면서 그동안의 경험을 토대로 전립선 전문 치료법인 EZ요법을 나름대로 정착시켰다. 특수 약물을 이용해 병든 전립선을 세척하고 세포의 재생을 돕는 세척요법은 전립선의 조직을 전혀 파괴하지 않고 반복 시술을 통해 전립선 상태를 개선해가는 것이 특징이다.

약물을 추출하기 위해 사용하는 재료들은 대개 한방에서 사용되는 약재들인데, 여기에 죽염과 알로에노회, 남미산 톱야자 열매 등이 주요하게 더해진다. 남미산 톱야자는 아메리칸 인디언들이 수천 년 동안 사용해온 그들만의 약용식물로 현대 의학자들의 연구 실험을 통해 전립선 질환의 치료 및 개선과 남성 기능 강화 등의 효능이 입증되었다.

소금을 죽통에 넣어 아홉 번 구워 만드는 죽염은 인체에 미치는 신비한 효능이 많이 알려져 있지만, 몇 년 전 우리 고유식품인 김치의 항암 효능에 대한 연구와 관련하여 주목할 만한 결과가 발표되기도 했다. 부산대 김치연구소가 발표해 보도된 내용에 따르면 일반 정제염이나 천일염을 넣어 담근 김치의 추출물은 암세포를 죽이는 데 약 52%의 효과를 나타냈으며, 죽염을 사용한 김치는 그보다 높은 87%의 효율을 보였다고 한다. 우리 전통 약재의 우수성과 세계적으로 전립선에 효능이 있는 식물을 결합한 특수약물의 이용은 꽤 만족할 만한 치료결과를 안겨주고 있다.

전립선 강화 요도세척법

전립선 강화 요도세척법은 과도한 음주, 흡연, 육식 섭취, 스트레스, 불규칙적이고 잘못된 식생활, 무절제한 성생활 등으로 야기되는 전립선 질환전립선염·전립선비대증·전립선암의 예방을 위한 실용적이고 효과적인 방법으로, 특수 약물로 전립선을 세척하여, 깨끗하고 건강한 전립선을 회복시키는 자연건강요법이다.

구체적으로 요도세척을 통해 기대할 수 있는 효과는 다음과 같다.

1. 전립선의 순환기능을 돕고, 쌓인 불순물이 잘 배출되게 하여 전립선의 기능을 회복시킨다.
2. 전립선염과 비대증 해소에 도움을 준다.
3. 소변줄기가 강해지고 시원스럽게 나온다.
4. 발기가 잘 되고 발기 중 팽창력이 증강된다.
5. 전립선염이나 요도관 내의 협착으로 인해 발생될 수 있는 조루증세가 거의 해소된다.
6. 사정 시 시원한 쾌감이 증진된다.

병은 감추지 말라

사람들은 어디가 아프다는 것을 약점으로 인식하는 경향이 있다. 자신의 병은 물론 가족 중에 환자가 있어도 쉽사리 남에게 그 사실을 밝히지 않으려고 애쓰는 경우가 많다. 약점은 되도록 감추려 하는 것이 인지상정. 더구나 아픈 원인이 자신의 실수와 관계있거나 아픈 부위가 은밀한 곳이라면 더더욱 비밀처럼 감추려 한다. 전립선 질환을 가진 중년 남성들에게서 이런 태도는 특히 두드러진다. 우선 성 기관의 질환이다 보니 혹 남들이 무절제하거나 불결한 성생활을 연상하거나 그런 인상을 받지 않을까 두려워 혼자 속으로 끙끙 앓는 경우도 적지 않다. 지금까지는 전립선 질환에 대한 지식도 일반인에게는 충분치 못했기 때문에 소문을 내봐도 신통한 답변을 얻기 어렵다는 점도 한 이유였을 것이다.

여러 임상통계들에 따르면 전립선염이나 비대를 가진 사람들은 이 증상을 되도록 주변 사람에게 감추려는 경향이 있다. 그런데 증상을 감춰둔다고 해서 절로 낫는 것이 아니며, 내버려두면 회음부의 불쾌감인 통증, 발기력의 감퇴와 조루 등의 증상은 점점 빈도가 늘어나게 되므로 말수가 줄고 심지어 우울증의 경향까지 나타나게 된다.

실제로 전립선 질환 때문에 필자를 찾아와 상담하거나 치료받은 환자들의 상당수는 성생활에서도 매우 소극적으로 되는 경향이 있다고 말하고 있다. 환자들의 대부분은 과연 전립선 질환 때문에 성적으로 약해진 건지, 이 질환으로 인한 정신적 스트레스 때문에 성적인 기능이 한층 더 위축된 것인지도 판단하기 어려울 정도로 보인다.

"병은 소문을 내라."는 말도 있다. 어디가 어떻게 아프다고 이 사람 저 사람에게 말하고 다니다 보면 우연이든 필연이든 이 병에 대한 새로운 정보와 지식을 얻어들을 수 있는 기회가 늘어나게 되므로 그만큼 완치로 가는 길이 빨라질 수 있다. 남성들이 전립선을 갖고 있는 한 전립선 질환은 언제든지 생길 수 있다. 지나친 강박감에 사로잡히지 말고 적절한 치료법을 찾는 것이 중요하다. 전립선 세척을 비롯한 전문적인 관리와 치료가 얼마든지 가능하다. 치료될 수 있다는 희망을 갖고 전문적인 의사를 찾아보는 것이 바람직하다.

**시도 때도 없이
항문을 조이자**

전립선 질환에서 나타나는 주 증상 가운데 소변의 문제가 포함되는 것은 이상한 일이 아니다. 전립선은 요도와 방광 사이에서 소변 배설을 조절하는 역할을 하고 있기 때문에 이 기관이 무력해지거나 제 구실을 못하게 되면 당연히 소변 배설에 문제가 생기는 것이다.

이 작은 기관은 여러 개의 정교한 밸브를 갖추고 있다. 액체인 소변이 흘러들어오고 나가는 것을 조절하기 위해서는 물 샐 틈 없이 흐름을 차단할 수 있는 '수문'이 필요하기 때문이다. 우선 평소에는 방광으로부터 소변이 흘러들어오지 않도록 안쪽의 밸브내요도구를 완벽히 차단하고 있다가 방광으로부터 소변을 배출한다는 신호를 받으면 이 밸브를 여는 것과 동시에 요도 쪽을 막고 있는 외요도구를 완전히 열어 소변이 시원스레 흘러나갈 수 있도록 해준다.

한편 소변이 이곳을 지나 몸 밖으로 배출되는 동안 전립선에서는 정액이 흘러나오는 또 다른 밸브들을 완벽히 차단하여 소변과 성적 분비물이 섞이지 않도록 하는 작업이 동시에 이루어진다. 정액과 소변이 섞이지 않도록 조절하는 일을 바로 전립선의 정교한 자동밸브들이 담당하고 있다. 이것은 정액을 깨끗한 상태로 자궁까지 잘 호송하기 위하여 전립선이 갖추고 있는 기본적인 기능이다.

갱년기 이후 상대적으로 좀더 이르게 요실금이 나타나는 사람들 가운데는 일상적인 성생활이 원활치 않은 사람의 경우가 좀더 많은 것으로 관측된다. 성생활이 일찍부터 중단되었거나 원활치 못한 사정이 있는 경우 성생활과 관련된 기관들이 아무래도 좀더 일찍 퇴화현상을 보이기 때문이다.

성 기관은 인체의 배설기관들과 일부 기능을 공유하고 있거나 혹은 가까운 관계를 맺고 있다. 때문에 성생활을 중단하면 이것이 대소변의 배설기능을 좀더 일찍 퇴화시킬 수 있다는 사실에는 주목하지 않으면 안 될 것이다. 마찬가지 이유로 나이가 들어서도 깔끔한 배설기능을 유지하기 위해서는 성 기능 강화와 관련된 몸 관리가 도움이 될 수 있다.

가장 쉬운 방법으로 권할 수 있는 운동법 가운데 하나가 바로 항문을 조이는 운동이다. 이것을 어렵게 생각하는 사람들이 많은데 쉽게 설명하자면 배변 시 소변 줄기를 끊기 위하여 항문을 순간적으로 조이는 것과 같은 동작이 기본이다. 가만히 앉은 자리에서, 또는 서 있을 때 언제 어디서든 남모르게 이 운동을 할 수가 있다.

항문을 조이는 것은 회음부의 긴장감을 높여줌으로써 전립선이 보다 원활히 움직일 수 있도록 단련하는 효과가 있으며, 그 순간 근육의 움직임에 변화를 주어 괄약근에도 직접적인 단련 효과를 얻을 수 있다. 회음부는 그것을 지압하거나 마사지하는 것만으로도 정력이 강화될 수 있는데, 항문 조이기를 통해 자연스럽게 회음부의 관련 부위를 강화시킬 수 있다. 성생활이 원활치 않은 중노년에 곧잘 찾아오는 요실금과 같은 문제를 막거나 예방하는 데도 항문 조이기는 아주 좋은 처방이 될 수 있다.

요가나 기공에서는 물론 외공을 다투는 각종 무예에서도 단전에 힘을 모으는 것은 기본이며 이를 위해 항문을 조이는 동작은 기본적으로 수행된다. 기운은 여기서부터 모아지는 것이기 때문이다. 남성 기능과 관련된 전립선의 기능을 강화하고 전립선 질환을 줄이는 데에도 도움이 됨은 물론이다.

건강한 전립선을 위한 10가지 생활습관

1. 배뇨를 오래 참지 않는다.
2. 충분한 수면을 취하며 규칙적인 생활을 한다.
3. 과도한 음주와 흡연을 금한다.
4. 평상시 많은 양의 물을 마셔서 소변으로 전립선의 분비물을 배설시킨다.
5. 적당한 운동하반신 위주의 운동이 효과적을 하며 하루 30분씩 걷는다.
6. 차가운 곳이나 한자리에 오래 앉아 있지 않는다.
7. 몸에 꽉 죄는 청바지나 삼각팬티의 착용을 피한다.
8. 과도한 자위행위를 삼가고 적당한 성생활을 한다.
9. 수시로 회음부 마사지를 해주고, 취침 전 1~3분씩 물구나무서기를 실시한다.
10. 전립선 질환에 대한 정기적인 검진을 받고 이상징후가 있을 때는 전립선 강화 요도세척법을 주기적으로 실시한다.

■ 음식

맵고 짠 음식, 동물성 식품, 오백五白식품흰 쌀밥, 흰 설탕, 흰 소금, 흰 밀가루, 흰 조미료, 카페인이 함유된 음료 등은 되도록 적게 섭취한다.
곡물 위주의 생식을 하거나 잡곡밥을 먹는다.
신선한 야채나 과일특히 토마토을 많이 섭취한다.

214

전립선은 햇빛을 좋아해

전립선에 도움이 되는 영양소로는 토마토의 리코펜과 마늘의 알리신이 대표적이다. 리코펜 성분은 토마토 조직을 열로 익혔을 때 인체에 보다 잘 흡수된다.

따라서 토마토는 가열해 만든 소스 형태로 먹는 것이 좋다. 반면 마늘은 가열하거나 장아찌 형태로 조리하면 알리신의 양이 줄어들기 때문에 날로 먹을수록 효과적이다.

붉은 포도주의 효과에 대한 연구도 있다. 몇 년 전 스페인의 연구결과에 따르면 붉은 포도주를 많이 마시는 지중해지역 남성들의 전립선암 발생률은 미국이나 비지중해권 유럽인들에 비해 크게 낮다고 한다. 적포도주의 주성분인 폴리페놀이 전립선암 세포의 성장을 막고 암세포의 소멸을 촉진한다는 사실도 실험을 통해 확인되었다. 폴리페놀은 적포도주 외에도 차와 몇 가지 과일, 야채들 속에 포함되어 있다.

몇 년 전 뉴욕주립대의 연구는 식물성 지방이 전립선암의 억제에 효과가 있음을 보여주었다. 전립선암이 진행된 쥐들을 몇 그룹으로 나눠 식물성 스테롤이 함유된 식품과 동물성 콜레스테롤이 포함된 사료를 각각 먹인 결과 식물성인 베타—스토스테롤과 캄페스테롤을 투여한 쥐에서는 암세포의 증식이 각각 70%와 14% 억제되었다고 한다. 반면 동물성 콜레스테롤을 먹인 쥐에서는 같은 기간 전립선암 세포가 약 18% 증가했다.

이러한 식물성 기름은 주로 호두, 땅콩과 같은 견과류와 콩 종류에서 쉽게 얻을 수 있다. 특히 전립선이나 성 기능 개선에 탁월한 효과를 보이는 북미산 톱야자에도 베타—스토스테롤 성분이 풍부하다.

전립선암을 막아주는 성분들은 대체로 항산화 효과가 있는 물질들이다. 인체에서 항산화 효과란 주로 피로나 스트레스로 인해 발생하는 노폐물의 생성을 줄이거나 제거를 돕는 효과를 말한다. 이것은 노화를 막아주는 효과와 관계가 깊다.

이밖에 과일 종류에 주로 포함돼 있는 유기산과 비타민도 인체에 활력을 주고 피로물질을 빨리 제거하는 항산화 물질들이므로 전립선의 건강에도 간접적으로 좋은 성분들이다. 비타민 E와 셀레늄, 아연 등이 전립선암을 예방 및 억제하는 것으로 알려져 있다. 사람의 생식기능 향상 및 항산화 작용에 효과가 있는 성분들이다.

비타민 D는 생식기능 및 전립선 강화와 관련해 주목할 만한 성분이다. 비타민 D는 사람이 햇빛을 받을 때 체내에 있는 프로비타민 D를 활성화하여 체내에서 합성된다.

비타민 D는 주로 인체의 뼈를 강화하는 데 필요한 성분이며 사람의 생식기능과도 연관돼 있다. 햇빛을 많이 받지 못하면 비타민 D의 합성이 활발히 이루어지지 못하므로 뼈가 약해진다. 비타민 D의 절대량이 부족하면 구루병의 원인이 되기도 한다.

비타민 D와 전립선 사이의 관계에 관한 영국 노스스태퍼드서대학의 연구결과 햇빛에 보다 자주 노출된 사람들이 전립선암에 걸리는 비율은 그렇지 않은 사람들에 비해 크게 낮다는 것이 증명됐다.

장마가 시작되면 실내에 머무는 시간이 늘어난다. 햇빛을 잘 볼 수 없는 데다가 운동량도 줄어든다. 장마기간이야말로 겨울철 못지않게 전립선이 취약해질 수 있는 시기다.

특히 전립선비대증과 같은 질환을 갖고 있는 사람에게는 증상이 악화되기도 쉽다. 장마철이라도 짬짬이 햇빛이 나는 시간을 이용하여 햇빛을 듬뿍 즐기도록 노력하는 것이 전립선을 건강한 상태로 유지하는 데 절대 필요하다.

'증상'만 전립선염

전립선 질환이 늘어나고 전립선 증상의 진단이 늘어나면서 나타나는 현상 하나는 '유사 전립선 증상'이다. 실제 전립선염인지가 확실치 않은데도 전립선염과 똑같은 증상을 나타내는 환자가 늘어나고 있는 것이다.

실제로 전립선염 진단을 받은 적이 있는 사람의 경우, 치료를 통해 증상이 사라졌다가도 심심하면 같은 증상을 느끼는 일이 흔히 나타난다. 전립선 증상은 대개 완치가 어렵고 재발이 잦은 것으로 보고되고 있지만, 그중 상당수는 실제 증상이 질병 수준으로 재발한다기보다는 단순한 자각증상의 반복일 수가 있다.

실제로 전립선염으로 진단되는 경우에도 비세균성인 경우가 매우 많은 것을 보면 전립선 질환을 호소하는 환자의 상당수는 실제 질환보다는 심리적 원인에 의한 자각증상인 경우가 더 많을 것으로 보인다.

이러한 경우에도 실제 전립선 질환의 치료법과 동일한 수단이 치료 효과를 나타낼 수 있다. 환자 스스로 전립선 질환으로 생각하고, 증상 또한 마찬가지이므로 같은 치료법이 효과를 나타낼 수 있는 것이다. 그러나 이처럼 유사증상으로 의심되는 경우라면, 실제와 똑같은 치료 법을 쓰더라도 전립선에 직접 손상을 가하는 방식의 치료법은 피하는 것이 좋다. 완치가 어렵고 재발이 잦은 질환이라면 일시적인 치료를 위해 극단적인 수단을 사용할 필요가 없기 때문이다.

이 경우는 무리한 치료를 시도하기보다는 증상을 완화하고 재발을 억제할 수 있는 효과적인 관리수단을 찾는 것이 나을 수 있다.

따뜻한 구들장이나 발열 기능이 있는 방석을 이용해 엉덩이 부위를 따뜻하게 유지하면 전립선 질환의 증상은 곧잘 가라앉는다. 따뜻한 물 을 이용한 좌욕도 권장할 만하다.

전립선 질환은 한 번 발생하면 자주 재발하고 만성화되는 경향이 강 하므로, 평소 관리를 철저히 하여 재발을 막는 것이 중요하다.

전립선 질환에 치료 효과가 높은 세척요법은 증상이 의심될 때의 관 리적 수단으로도 유용하다. 약물의 농도나 시간, 횟수 등을 적의 조절 함으로써 증상이 심각하지 않은 경우에도 관리 차원의 시술이 가능할 뿐 아니라 실제 화학적이거나 기계적 수단이 포함되지 않은 안전한 치 료법이기 때문이다.

강한 남성
클리닉

전립선 질환에
효과적인 'EZ요법'

사랑에는 마음이 우선이다. 이 책에서 우리는 건강한 성 에너지를 키우기 위해 무엇을 먹고 어떤 훈련을 하는 것이 도움되는지를 살펴보았다.

그러나 아무리 사랑의 마음이 굴뚝 같더라도 신체의 기질적 원인으로 조루, 발기부전 같은 증상이 생기면 전문가의 도움을 받는 것이 좋다. 필자의 한의원에서도 성 기능 질환에 기질적 원인을 가진 환자들을 돕기 위해 여러 가지 치료법을 연구하고 있다. 한방에서 쓰는 천연 약재들 가운데는 성 에너지, 혹은 성욕을 증진하거나 성 기능을 돕는 다양한 약재들이 전해오고 있다. 간혹 '정력'에 좋다면 무엇이든 습관적으로 챙겨 먹는 사람들이 적지 않은데, 사실 이런 일은 좀 자제할 필요가 있다.

중년 이후 전립선의 문제로 성 기능이 부진해지는 경우가 많은데, 이것을 해결하겠다고 소위 정력제로 알려진 건강식품을 무절제하게 먹는 경우 오히려 몸을 크게 해칠 수도 있다. 대다수 동물성 건강식품들은 콜레스테롤의 작용으로 전립선 비대 증상을 악화시켜 성생활에 치명적인 부작용을 일으킬 수 있다. 성욕 강화식품을 무절제하게 먹을 경우 성 기능이 지나치게 항진되어, 체력이 받쳐주지 못하는 섹스에 몰두하다가 오히려 몸을 망가뜨릴 수도 있다. 당장 효과를 나타내는 정력 강화식품이 오히려 독이 되기도 하는 셈이다.

전문 한의사의 성 클리닉에서는 먼저 정밀한 진찰로 환자의 체질과 체력 조건 등을 파악한 뒤 그에 맞는 처방을 내리게 된다. 똑같이 발기가 잘 안 되는 경우라도 어떤 환자는 양기를 북돋워주는 게 효과가 있지만 어떤 환자는 양기의 지나침을 다스려주는 게 필요하다. 어떤 환자는 주로 약재 처방이 효과적이지만 어떤 환자는 혈을 다스리는 침뜸 치료가 보다 효과적이다.

따라서 성생활에 문제가 있는 환자들은 항간의 말만 듣고 몸에 좋다는 건강식품을 임의로 먹기 전에 전문 한의사를 찾아가 체질과 병증에 대한 정확한 진단을 받은 후 한의사의 처방에 따라 필요한 치료법이나 약재를 복용하는 것이 안전하다.

특히 전립선에 문제가 있는 경우는 한방 외과적 방법으로 전립선에 대한 직접 치료를 하기도 한다. 필자는 14년 전부터 특수 약물을 이용한 요도 세척과 전립선 세척치료를 시작하였다. 한방이나 양방을 막론하고 전립선 질환은 치료가 쉽지 않은 것으로 알려져 있다. 그에 비추어 전립선 세척치료는 상당히 실효적인 성과를 거두어왔다. 지금은 전립선 세척법을 기본으로, 여기에 여러 전통적 한의 치료법들을 가미하여 'EZ요법'이라는 전립선 치료 프로그램을 정립하여 전립선에 원인이 있는 성 기능 문제를 개선하는 데 적용해왔다.

한방 EZ요법에 의한 성 기능 치료 · 개선 사례

■ 비즈니스 세계에서 밀려나던 30대 A씨

38세 전산직 회사원인 A씨는 여자와의 관계에서 아직 3분을 넘겨본 적이 없었다. 직장에서의 사업상 회식 때는 자존심이 상할 정도였다고 한다. 거래처 사람들과 접대 회식을 가는 경우 가끔 2차, 3차까지 다니며 밤을 새우기도 하는데, 일을 마치고 밖에 나와 보면 언제나 자신이 일등이라는 것이다.

다른 사람들이 자기보다 2배, 3배 더 긴 시간을 즐기고 나오는 걸 보면서 A씨는 아예 주눅이 들어버렸다. 밤을 새우는 접대는 다른 사람에게 미루고 싶고, 그러다 보니 비즈니스 세계에서 스스로 밀려나는 것 같은 기분에 울적함마저 느낀다는 것이다.

결혼 전에는 경험이 부족하여 그러려니 했으나, 결혼 후에도 5년이 지나도록 여전히 1~2분 안에 사정이 되어 아내에게 면목이 없다고 고민을 토로했다.

➡ 성적 자극에 대한 반응에서 정상적인 발기 반응을 나타내는 것으로 미루어 그의 조루는 기질적인 원인이기보다는 과민한 귀두가 문제였다. 상담 치료와 함께 사정 지연 훈련을 하면서 EZ요법으로 지친 성 기능 개선을 위한 치료를 병행하였다.

성관계 시 갖고 있는 몇 가지 잘못된 습관을 고치는 것으로 즉각적인 변화가 나타나기 시작했으며, 한약 처방을 포함한 EZ요법으로 3~4회 치료가 거듭되자 상당한 자신감을 회복하였다. 전산직과 같이 종일 앉아서 일하는 직종의 사무원들은 특히 전립선이 만성적인 무력증에 빠지기 쉽다. 자주 걷거나 뛰는 운동으로 체력을 관리하여 자신감을 다시 잃지 않도록 해야 한다.

■ '토끼과'로 놀림을 받던 40대 B씨

45세 자영업을 하는 B씨의 일상적인 섹스도 조루에 가까웠다. 그러나 섹스가 인생에서 그리 중요한 일이 아니라고 생각하므로 평소 별 문제의식이 없었다. 관계를 시작하면 곧 사정하였으나 정상적으로 아이들도 낳아 길렀고 욕구불만이 남는 것도 아니어서 불편을 느낀 적이 거의 없었다.

부인도 섹스가 짧다고 특별히 불평하는 일은 없었다. 가끔 영화를 보면서 투정처럼 한마디씩 하긴 했어도 그저 농담처럼 여겼다. 보통 사람들의 성생활이 다 그렇지 않겠느냐는 게 그의 생각이었다.

그런데 한번은 부부동반 모임에 갔다가 충격을 받았다. 술이 몇 순배 돌면서 진한 농담들이 나오기 시작했는데, 어떤 부인은 "한 번 시작하면 한 시간은 간다."고 자랑하는가 하면 어떤 부인은 "그래도 10분은 넘는다."고 자위하였다. B씨 부인이 아무 말도 못하자 부인들은 "여긴 30초가 안 되나 보다."고 농을 걸었다.

결국 그 자리에서 B씨는 유일하게 '3초 안에 끝나는 토끼과'로 판정이 내려졌고 '비아그라'를 써보라는 권고까지 받게 되었다. 기분이 '더러웠던' B씨는 당장 부인의 권고를 받아들여 본 연구소를 찾아왔다.

➡ B씨의 문제는 사정 시간이 짧아도 별 문제의식 없이 지내오면서 짧은 섹스가 습관이 된 데 있었다. 삽입만 하면 곧 몸에 익은 조건반사처럼 사정 반응이 일어나고 있었던 것이다.

이른 사정으로 발기되어 있는 시간 또한 짧은 것이 습관이 되었는데, 발기 시간이 짧은 만큼 새삼스럽게 시간을 오래 끌기가 어려워진 것이었다. 더구나 나이가 40대 중년으로 넘어오면서 발기력이 약화되어 있었기 때문에 사정을 지연시키기 위해서는 행동훈련과 함께 발기력 강화를 위한 치료가 필요했다.

EZ요법으로 무력해진 전립선을 강화함과 동시에 혈행을 활성화하는 처방과 행동훈련을 병행하였다. 성관계 시 습관을 교정하는 것으로 '3초 사정'은 30초~3분까지 즉각적인 개선이 이루어졌으며, 한약 처방과 사정

지연 훈련을 4주 정도 꾸준히 계속한 결과 그 시간은 30분 이상까지 늘어났다.

이때쯤에는 EZ요법을 통한 치료의 효과가 제대로 나타나기 시작하여 발기력에도 상당한 자신감을 회복했다. B씨는 이제 좀더 고급스러운 체위들을 훈련하면서 부부생활의 새로운 즐거움을 만끽하고 있다. 남편과 함께 내원했던 부인이 대만족을 나타낸 건 두말할 나위도 없다.

■ 외과 수술로도 재미를 못 본 30대 C씨

지방 소도시에서 사업을 하고 있는 36세의 C씨는 깊은 시름을 안고 본원을 찾아왔다. 조루 때문에 부부생활이 원만하지 못하여 일찍부터 여러 가지 방법을 찾았으나 근본적인 해결을 얻지 못하고 있다고 했다. 비뇨기과에 찾아가 비아그라 처방을 받기도 하고 심지어 배부신경 차단술 시술까지 받았으나 그 효과는 순간에 그쳤다.

비아그라는 순간적으로 혈액의 흐름을 강화하여 발기력을 높여주는 약물이다. 약효가 나타나는 동안 발기력이 왕성해지지만 그 순간에 그칠 뿐 아니라, 귀두가 예민한 사람에게는 사정 시간을 지연하는 효과를 나타내지 못한다.

배부신경차단술은 귀두의 감각을 떨어뜨려 급히 흥분하는 것을 막기 위한 수술이다. 귀두에서 느끼는 감각이 뇌에 강하게 전달되지 않기 때문에 흥분이 억제되고 따라서 사정 반응이 늦게 나타나게 된다는 원리다. 피부 표면의 감각을 둔화시키는 약물을 귀두에 발라 흥분을 늦추는 것도 원리는 같다.

그러나 귀두의 감각이 떨어지기 때문에 자칫 발기력이 둔화될 수도 있고, 발기가 되어 삽입운동을 한다 하더라도 남성의 귀두에 감각이 약하기 때문에 파트너와 느낌을 교감하지 못하는 일방적인 피스톤 운동이 상대에게 고통을 줄 수도 있다.

어쨌든 C씨에게는 이것도 근원적 해법이 되지 못했다. 부인은 남편에게 무관심해졌고 귀가해도 내다보지도 않았다. 아내의 관심을 끌 수 있는 길을 가르쳐달라고 C씨는 호소하였다.

➡ 급한 피스톤 운동은 어떤 남성이든 급히 흥분되는 결과를 가져온다. 조루의 습성을 가진 남성의 대다수가 일을 시작하자마자 조급히 절정으로 달려 올라간다는 공통점을 갖고 있다.

시간 관계상 신속히 일을 끝내는 것이 목표가 아니라면 피스톤 운동은 완급을 잘 조절해야 한다. 한방 고전에 나오는 구천일심九淺一深 약입강출弱入强出 같은 것이 바로 완급과 관련된 기교들이다.

삽입 후 남성은 '빠르게' '점점 빠르게'에만 몰입해서는 안 된다. 균형 있게 편곡된 교향악처럼 느림과 빠름, 강함과 여림, 얕음과 깊음을 적절히 구사하면서 한 편의 드라마를 연출해야 한다. 조루 습관을 고치기 위한 훈련과 함께 보다 긴 발기력 유지를 위한 전립선 강화 치료를 병행하였다.

■ 변강쇠 되려다 지루가 된 50대 D씨

54세의 사업가 D씨가 가진 고민은 좀 색달랐다. 관계할 때 너무 오래 끌지 않고 사정을 하려고 노력해도 사정이 잘 안 되어 섹스의 쾌감을 느끼지 못한다는 것이었다.

사정이 어렵게 된 데는 이유가 있었다. 스무 살 청년 시절에 그도 여느 청년들처럼 누구보다 강한 남성이 되고 싶다는 꿈을 가졌다. 관심을 갖고 보면 세상에 흘러넘치는 소위 '비법秘法'이란 것이 눈에 들어오기 마련이다. 그도 관계를 가질 때 "절대로 사정을 하지 않으면 변강쇠가 된다."는 비법을 주워들었다. 이후 변강쇠가 되고 싶은 일념으로 어떤 경우에도 사정을 하지 않으려고 애썼다.

어쩌다 섹스의 기회가 왔을 때는 물론 수음을 할 때에도 절정의 순간에 사정을 참는 연습을 했다. 정말 힘이 강해지는 것 같았다. 하지만 그것이 습관이 되자 사정을 하려고 해도 잘 되지 않는 현상이 일어났다. 급히 발사가 되지 않기 때문에 오래 즐길 수 있어 좋긴 했지만, 그것이 습관이 된 것은 문제였다. 절정의 쾌감에 이르기 위해 사정하려고 해도 마음대로 되지 않기 때문에 섹스는 몸만 피로하고 쾌감을 알 수 없는 어정쩡한 것이 되고 말았다.

이 습관은 결혼 후 20년이 넘은 지금까지도 고쳐지지 않았다. 힘들게 노력하여 사정을 하더라도 발사가 시원치 않고 그 자신도 별로 쾌감을 느끼지 못한다고 했다.

➡ 원하는 순간에도 사정이 잘 되지 않는 것을 지루라고 한다. 지루는 자칫 섹스의 시간을 길게 가질 수 있다는 점에서 정력이 강한 것으로 오인될 수 있지만, 정상적인 관계에서는 조루 못지않게 불편하다.

동양 의서에는 오랫동안 사정하지 않으면 정액이 응고되어 병이 된다 하였는데, 현대 의학에서도 주기적으로 사정하지 않는 것은 전립선 질환의 원인이 될 수 있다고 보고 있다. 때문에 전립선 건강을 위해서는 반드시 성생활을 하지 않는 경우라도 주기적으로 자위 등의 방법으로 정액을 배출하도록 권한다.

D씨의 경우는 무리하게 사정을 참는 생활이 오래되어 전립선의 정액 방출 기능이 둔화되고, 또 전립선에도 노폐물이 쌓인 것으로 판단되었다. EZ요법으로 전립선을 수차례 세척하면서 사정 조절 훈련을 시도한 결과 감각이 회복되었고 한 달쯤 지난 뒤에는 사정에 따른 절정의 쾌감을 느낄 수 있게 되었다.

『소녀경』과 같은 고전에서 '사정하지 않는 섹스'를 권하는 것은 무절제한 방출로 정精이 고갈되는 것을 막기 위해서다. 사정과 성관계는 반드시 같은 것이 아니므로, 성관계를 자주 갖되 일정 기간에 한 번씩은 사정을 동반하는 절정의 섹스를 즐기는 것이 이상적이다. 성관계의 주기와 상관없이 사정의 주기는 젊고 힘이 있을 때는 2~3일 내지 1주에 한 번꼴로, 나이가 들고 체력이 떨어질 때는 한 달에 1~3회 정도로 지속하는 것이 좋다.

■ 너무 오래 끌어 괴로운 초강력 80대 E씨

82세의 사업가 E씨는 50대의 부인과 재혼하여 지금도 노익장을 과시하고 있다. 주 3회 정도는 필드에 나가 골프를 칠 만큼 정정하며 부인과의 성관계도 주 2회 정도는 갖고 있다고 했다.

문제는 지루현상이 있어 시간을 오래 끌다 보니 부인이 체력적으로 힘들어 한다는 것. 그렇다고 부인이 유난히 약한 편도 아니었다. E씨가 관계를 시작하여 사정에 이르는 시간이 무려 40~50분이나 되었기 때문에 50대 여성으로서 감당하기 힘든 것은 지극히 자연스런 일이었다.

➡ 철저한 건강관리와 섭생으로 체력을 관리하면 80대 이후에도 정상적인 성생활은 얼마든지 가능하다. 그러나 성생활은 혼자서 하는 것이 아니므로 파트너의 몸 관리에도 그만한 노력을 기울일 필요가 있다. 파트너와의 조화를 흔히 '속궁합'이라 하는데, 몸이 서로에게 잘 맞아야 한다는 뜻에서 틀린 표현은 아니다.

한쪽은 섹스를 좋아하고 한쪽은 싫어한다든가, 한쪽은 강하고 한쪽은 너무 약하다든가 하는 불균형은 성관계의 즐거움을 반감시킨다. 이런 경우 성관계 시 시간을 너무 오래 끌기보다는 파트너의 만족감을 우선하는 질적인 섹스를 갖는 것이 필요하다.

우선 EZ요법으로 사정 감각을 높이는 데 주력한 결과 E씨는 원할 때 자유롭게 사정에 이를 수 있게 되었고 부인과 호흡을 맞춰가며 질적으로 쾌감이 높은 관계를 즐기게 되었다. 보조적으로, 초강력 남편과 사는 부

228

인을 위해서도 여성의 기능과 체력을 높이는 한방의 전통 처방이 필요하였다.

■ 아내 앞에서만 작아지던 40대 F씨

45세의 직장인 F씨는 엄밀한 의미에서 발기부전 환자는 아니다. 어쩌다 성적 자극을 받을 때는 지극히 정상적으로 욕구를 느끼고 발기도 잘 되었는데, 가정의 일상적인 성생활에서는 그다지 욕구가 일지 않는다는 게 문제였다.

그래도 한 달에 한두 번의 '의무방어전'을 소화하지 못할 정도는 아니었는데, 어느 날 성생활에 문제가 있다고 느낀 부인이 문제를 제기하면서 시련은 시작됐다. 부인의 요구에 따라 주 2회의 관계를 갖기로 한 F씨는 얼마 못 가 체력의 한계를 느꼈다. 체력이 나빠진 건 아닌데, 주 2회씩 관계를 가질 수 있을 만큼 충분한 욕구가 일어나지도 않았고 그래서 그런지 발기력이 따라주질 못했다.

F씨는 전문의의 처방에 따라 비아그라를 사용했다. 하지만 만족할 만한 결과를 얻지는 못했다. 순간의 발기력을 높이는 데는 도움이 됐지만, 그것으로 성적 흥분이 잘 되는 것은 아니었기 때문이다.

➡ 발기부전의 원인은 크게 두 가지로 나뉘는데, 신체적 기능의 이상으로 인하여 발기 자체가 거의 이루어지지 못하는 경우와 몸 기능은 정상인데도 욕구가 약하여 발기하지 않는 경우가 그것이다. 전자를 기질적

원인이라 하고 후자를 심리적 원인심인성이라 한다.

부부 간의 성생활이 시들해진 중년의 경우 대개는 심리적 원인에 해당한다. 이런 사람들은 성적 자극을 크게 느끼지 못하는 아내와의 관계에서는 발기가 잘 되지 않거나 되더라도 쉽게 시드는 반면, 밖에서 새로운 자극을 받을 때는 아주 정상적으로 발기력이 유지되고 실제 성관계도 쉽게 되는 경향이 있다. 현대 과학자들은 이것이 뇌에서 일어나는 면역 기능과 관계가 있다고 밝힌 바 있다.

몸의 상태를 개선하여 성 기능을 강화하면 작은 자극에도 좀더 적극적인 반응을 나타내도록 하는 데 도움이 된다. F씨에게는 EZ요법 프로그램으로 정력과 성 기능을 강화하고, 새로운 방법으로 섹스를 나눌 수 있도록 지도하였다.

부인과의 성관계가 원활해지자 F씨는 직장생활에서도 자신감을 얻고 쾌활한 성격을 되찾게 되었다.